备科技译著出版基金

爆炸物化学

（第3版）

The Chemistry of Explosives

Third Edition

[英] Jacqueline Akhavan　著

肖正刚　译

国防工業出版社

·北京·

著作权合同登记　图字：军-2015-57 号

图书在版编目（CIP）数据

爆炸物化学：第 3 版/（英）杰奎琳·阿哈万（Jacqueline Akhavan）著；肖正刚译.—北京：国防工业出版社，2017.4（2025.7 重印）

书名原文: The Chemistry of Explosives, 3rd Edition

ISBN 978-7-118-11098-2

Ⅰ. ①爆… Ⅱ. ①杰… ②肖… Ⅲ. ①爆炸物
Ⅳ. ①TQ560.7

中国版本图书馆 CIP 数据核字（2017）第 008097 号

※

国防工业出版社出版发行

（北京市海淀区紫竹院南路 23 号　邮政编码 100048）

北京虎彩文化传播有限公司印刷

新华书店经售

*

开本 710×1000　1/16　印张 10½　字数 186 千字

2025 年 7 月第 1 版第 2 次印刷　印数 2501—3000 册　定价 98.00 元

（本书如有印装错误，我社负责调换）

国防书店：（010）88540777　　发行邮购：（010）88540776

发行传真：（010）88540755　　发行业务：（010）88540717

中译本序

含能材料是涉及炸药、发射药、推进剂、火工和烟火药剂等相当宽泛的一类特种化学材料，除了在军事上有着不可或缺的作用之外，在众多民用领域，如航天、采矿、探测、控制，乃至医学等领域也获得了越来越广泛的应用。正是在这种背景下，近年来国内含能材料学科的研究生培养有了长足的发展，这对于促进我国含能材料学科的发展和技术进步发挥了重要作用。

含能材料具有燃烧和爆炸特性，化学是含能材料最为重要的学科基础之一。如何引导具有一定化学基础的本科毕业生尽快进入含能材料学科的知识世界和研究领域，是提高含能材料学科研究生培养质量和效率的重要实践课题。肖正刚老师翻译的这本《爆炸物化学》，既比较系统、全面地介绍了含能材料所涉及的共同的化学理论和原理，也归纳总结了不同类别含能材料的理化性能和能量释放的特点、规律及其相应的机理。原著内容安排系统完整，条理清晰，阐述严谨。译文经过译者的反复认真斟酌，可读性也比较强。可以期望这本《爆炸物化学》中译本能成为含能材料学科领域研究生的入门基础教材或参考书。

应当提到的是，由于历史的原因以及含能材料学科领域的特殊性，我们对西方该领域的知识和理论体系尚缺乏系统深入的学习和了解。《爆炸物化学》中译本的出版可以为国内从事含能材料学科领域的教学、科研和工程技术人员在这方面提供有益的借鉴和参考。

中国工程院院士、南京理工大学教授　王泽山

译者前言

译者在为研究生新生讲授含能材料相关课程和指导研究生开展该领域方向的实践中，深感国内缺乏涵盖该学科比较系统全面，内容又比较新的专业基础知识的合适教材。为夯实研究生学科专业基础，开拓视野，提升课程国际化水平，特引进了英国 Cranfield 大学 Akhavan 教授著的《爆炸物化学》作为教学参考书之一。为更好地帮助学生学习和参考，特将它全文翻译。

本书是 Akhavan 教授多年讲授和研究爆炸物化学的著作，是面向爆炸物化学学习和研究的高年级本科生和研究生的入门教科书。本书通过介绍典型化学爆炸物的发展、基本门类及不同门类代表性的化学爆炸物的理化性能，为读者提供了化学爆炸物的基本概念和性能方面的必要知识。重点阐述了化学爆炸的基本过程，化学爆炸物点火、引发、热分解、燃烧和爆炸等各阶段的特征和机制；介绍了控制和决定化学爆炸物燃烧或爆轰过程和性能的基本理论，即爆炸物化学、爆炸化学反应平衡及化学动力学。对各类军用和民用爆炸物的组成、制造方法及其应用，以及爆炸物的分类也作了简要的介绍。

原著内容全面、系统，结构新颖，简明易懂，可读性较强，基本构建了爆炸物化学研究领域的框架。特别值得一提的是，作者对相关概念和原理的阐述十分清晰，且富有前瞻性，在不少方面还反映了国外本领域关注的前沿问题及其最新研究进展，对含能材料研究和学科发展具有较好的参考价值。

译者在翻译过程中，遵循“忠实与通顺”的基本原则，在正确理解和表达原文思想、写作风格和修辞的基础上，充分照顾到中文的语言习惯和阅读体验。一些较难翻译的概念、术语和句子，译者联系上下文力求充分理解作者的原意，并查找相关文献反复求证。在翻译过程中，对原著中的一些明显错漏之处进行了修正。

译者衷心希望该书译文的出版对从事爆炸物化学研究的师生开阔学术视野，夯实学科专业基础，推动该领域的教学和科研起到促进作用，对从事与化学爆炸物相关的科技与管理人员也能有实用的帮助。

由于译者能力有限，书中错误在所难免，诚望读者不吝指正。

本书在翻译过程中得到了译者的研究生以及周新利老师的大力协助，对错漏之处提出了许多宝贵的建议。徐复铭教授十分仔细地审阅了全书，为本书译文质量的提升作出了重要的贡献，本书承蒙中国工程院院士王泽山教授作序推荐，译者在此对他们表示衷心的感谢，同时感谢装备科技译著出版基金的资助和国防工业出版社的大力支持。

前言

PREFACE

自从12年前撰写第1版《爆炸物化学》以来，爆炸物领域的研究已经转向了爆炸物的安全性，而不是继续研究其性能，该书的第3版反映了这一趋势。第1版主要介绍新一代爆炸物——不敏感炸药（IHE），第2版则更详细地讲述了其性质。由于近年来法规和环境意识的增强，爆炸物对环境造成的影响是该领域显现出来的另一个趋势。相关法规的细节和影响在第1版中也进行了讨论。在第3版中，利用多种渠道对爆炸物的性质进行了更新，这一点在热化学计算方面已得到了反映。

基于以上所述的主要修订和细微处的更新，第3版能使读者对爆炸物化学有基本的理解。本书主要适用于相关专业的本科生和之前未接触过爆炸性材料的研究生，并且，我希望本书对在爆炸物工业界工作的更多的有经验的化学专家也能有所裨益。

在此书写作过程中，我采用了许多书本、杂志上的资料，为此我向在本书撰写准备过程中所列入参考资料的作者表示感谢。最后感谢我的丈夫Shahriar一直对我工作的支持。

目 录
CONTENTS

第1章

爆炸物导论

1.1 黑火药的发展

黑火药又名火药，极可能是最早的爆炸物。据记载，公元前220年，中国的炼丹师们在低温反应条件下将金从银中分离时，发生了一起事故，从而偶然地发现了黑火药。根据海佐·马波（Heizo Mambo）博士的记录，炼丹师们将硝酸钾（又称硝石）和硫磺加入到熔炉里的金矿石中，却忘记了在反应的第一步加入木炭。他们试图纠正其失误，在最后一步反应时将木炭加了进去。他们不知道的是，他们恰好制造出了黑火药，导致了巨大爆炸。

直到13世纪，黑火药才被引入欧洲。1249年，英国修士罗杰·培根（Roger Bacon）用硝酸钾进行试验并制造出了黑火药。1320年，德国修士伯特霍尔德·施瓦兹（Berthold Schwartz）（尽管此人存在与否仍有争议）研究了培根的文章，开始制造黑火药，并研究其性能。施瓦兹的研究结果很可能加速了黑火药在中欧的采用。到14世纪末，许多国家将黑火药作为军事辅助手段去攻破城堡及城市的围墙。

黑火药由燃料及氧化剂组成。燃料是由木炭和硫磺组成的粉状混合物，它们与作为氧化剂的硝酸钾混合。1425年，随着造粒工艺的发展，黑火药的混合工艺取得了极大的改进。用沉重的碾轮将燃料和氧化剂研磨粉碎并把它们压成固体药饼，随后再将这些固体药饼粉碎成较小的药粒，这些小药粒中包含彻底混合好的燃料和氧化剂，从而获得了物理及弹道性能优异的黑火药。15世纪时，粒状的黑火药逐渐用于小口径枪炮及手榴弹，到了16世纪被用于大口径火炮。

1554—1603年间，在英格兰的罗瑟希德（Rotherhithe）、沃尔塞姆阿比（Waltham Abbey）等地建立了采用造粒工艺的黑火药工厂。

有记载的黑火药首次用于民用工程是在1548—1572年间，黑火药被用来疏通位于北欧的涅曼（Niemen）河。1627年，匈牙利采用黑火药作爆破辅助手段回收矿石。不久，德国、瑞典等其他一些国家采用黑火药进行爆破。1670年，英国首次将黑火药用于康沃尔（Cornish）铜矿的爆破。1646年，瑞典建立了博福斯（Bofors）工厂，成为了欧洲商用黑火药的主要制造商。

1.2　硝化甘油的发展

到19世纪中叶，黑火药用作爆破炸药的局限性变得明显。难度较大的采矿、开挖隧道的工程需要性能更好的炸药。1846年，意大利教授阿斯卡里奥·索布雷罗（Ascanio Sobrero）发现了液态的硝化甘油［$C_3H_5O_3(NO_2)_3$］，他马上意识到硝化甘油爆炸性的本质，并中止了他的研究。几年后，瑞典发明家伊曼纽尔·诺贝尔（Immanuel Nobel）研制了硝化甘油生产工艺，并于1863年与他的儿子阿尔弗瑞德（Alfred）在靠近斯德哥尔摩（Stockholm）的海伦堡（Helenborg）建立了一个小型工厂。他们最初的生产方法是在石罐中将甘油与冷却的硝酸、硫酸混酸进行混合，利用手工搅拌并用冰水冷却该混合物，反应完成之后，将此混合物倒入过量的冷水中。第二种工艺是将甘油及冷却的混合酸注入到圆锥状铅制容器中，此容器的收缩段开有孔，硝化甘油产物通过收缩段流入冰水浴中。两种工艺都采用温水洗涤硝化甘油，并用热碱液除去酸。因为运输液态硝化甘油容易造成人员伤亡和财产损失，诺贝尔通常在很靠近硝化甘油需求场所的地方建立其生产工厂。

诺贝尔家族在销售硝化甘油时遇到了许多挫折，因为硝化甘油很容易意外引爆，并且在炮孔中用黑火药引爆不可靠。在此期间出了很多意外爆炸事故，1864年的一次事故摧毁了诺贝尔工厂，阿尔弗瑞德的兄弟埃米尔（Emil）也死于事故中。1864年，阿尔弗瑞德·诺贝尔（Alfred Nobel）发明了金属起爆雷管，它极大地改善了黑火药的引爆。这种雷管含有雷酸汞［$Hg(CNO)_2$］，能够在炮孔中取代黑火药引爆硝化甘油。该起爆雷管产生初始冲击波，并通过导爆索传递至盛有硝化甘油的独立容器并将其引爆。

在1866年发生的另一个重大爆炸事故完全摧毁了硝化甘油工厂之后，阿尔弗瑞德进而将注意力转移到硝化甘油运输的安全性问题上来。为了降低硝化甘油的感度，阿尔弗瑞德将其与具有吸附性能的黏土——硅藻土混合，这种混合物便是硅藻土代那买特（dynamite）炸药，并于1867年获得了专利。

硝化甘油［1－1］与黑火药相比具有极大的优点，因为其同一分子中既含有燃料又含有氧化元素，这使得这两种组分之间能充分接触反应。

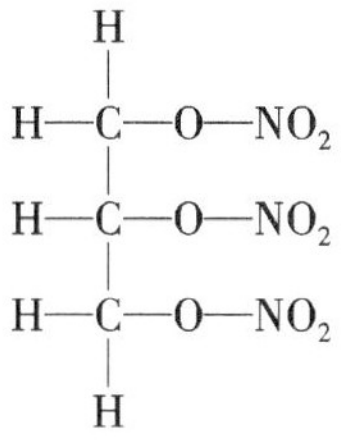

［1－1］

雷酸汞的发展

17世纪时，瑞典籍德国炼金术士约翰·孔克尔男爵（Baron Johann Kunkel von Löwenstern）首次制备了雷酸汞。他用硝酸及乙醇处理水银获得了这种危险的炸药。当时，孔克尔（Kunkel）及其他炼金术士们没有发现这种爆炸物的用途，直到1799—1800年间，英格兰的爱德华·霍华德（Edward Howard）再次发现了雷酸汞，人们才想起了它。霍华德研究了雷酸汞的性质，并提出把它用于黑火药的撞击起爆装置。1807年，苏格兰牧师亚历山大·福赛思（Alexander Forsyth）获得了该装置的专利。

1.3 硝化纤维素的发展

1845—1847年间，在硝化甘油被制备出来的同一时期，不同的人将纤维素硝化处理制得硝化纤维素（又称火棉），较为著名的是巴塞尔的Schönbein及美茵河畔法兰克福的Böttger。1833年初，布雷克诺（Braconnot）硝化了淀粉。1838年，珀卢兹（Pelouze）继续了布雷克诺的试验，也进行了纸、棉花等其他各种材料的硝化。但是，此时他并没有意识到自己制得的是硝化纤维素。1846年，Schönbein及Böttger同年宣布制得了硝化纤维素，从此，两人的名字便与硝化纤维素的发现及利用密不可分。然而，在Schönbein的方法被知晓之前，已有几位研究者发表了关于纤维素硝化的论文。

在硝化纤维素的制造过程中发生了许多的事故，法国、英国及奥地利的工厂都曾被炸毁。在此期间，弗雷德里克·阿贝尔（Frederick Abel）在伍尔维奇（Woolwich）和沃尔瑟姆阿比为英国政府研究硝化纤维素的不安定性问题。1865年，他公布了一种将硝化纤维素变成浆状的解决方案。阿贝尔采用将硝化纤维素制浆、煮沸并清洗的工艺，大幅度提高了硝化纤维素的安定性。直到1868年，当阿贝尔的助手布朗（E. A. Brown）发现干燥、压缩并高度硝化的硝化纤维素可以被雷酸汞雷管引爆，而湿的、经压缩过的硝化纤维素可以被少量的干燥硝化纤维素引爆（传爆管原理）后，硝化纤维素才被用于军事及工业炸药中。从此，就可以比较安全地使用大量的潮湿硝化纤维素了。

海军舰艇现在采用将大部分火棉水雷用水饱和的方法，实现了火棉水雷的运输。

1888 年，查尔斯·E·门罗（Charles E. Munroe）发现，将一块压印有制造商名称的火棉，有字母的一面贴着金属板放置，然后引爆，在金属板上会留下字母凹印。如果字母凸起在火棉上，那么字母也会凸起在金属板上，这就是门罗效应。门罗效应是指由预制于炸药块的空腔或孔隙引起的爆炸能量的部分集中。

1.4 代那买特炸药的发展

1875 年，阿尔弗瑞德·诺贝尔发现将硝化纤维素与硝化甘油混合在一起，会形成一种凝胶。这种凝胶被用来生产爆胶、胶质代那买特炸药，随后在 1888 年，被用于制作巴立斯太无烟火药，这是第一种无烟火药。巴立斯太药是硝化纤维素、硝化甘油、苯及樟脑的混合物。1889 年，一种在组成上类似于巴立斯太药的竞争性产品获得了英国政府的专利，此项专利发明人是阿贝尔和杜瓦（Dewar），产品称为柯达药。直到 19 世纪 30 年代，不同形式的柯达药一直是英国军队使用的主要发射药。

1867 年，瑞典化学家奥尔松（Ohlsson）和诺尔宾（Norrbin）发现添加硝酸铵后，代那买特炸药的爆炸性质会增强。随后，阿尔弗瑞德·诺贝尔取得了奥尔松和诺尔宾有关硝酸铵的专利，并将此用于他制造的炸药中。

硝酸铵的发展

1654 年，格劳伯（Glauber）第一次制得了硝酸铵，但是，直到 19 世纪初，硝酸铵才被格林德尔（Grindel）和罗宾（Robin）用作黑火药中硝酸钾的替代物。1849 年，赖泽（Reise）和米隆（Millon）报道了硝酸铵的爆炸性质，在将粉状硝酸铵和木炭的混合物加热时发生了爆炸。

虽然有关硝酸铵的小型火灾及爆炸在全世界都有发生，但当时硝酸铵还没有被当成一种炸药。

第二次世界大战结束后，美国政府开始装运称作肥料级的硝酸铵（FGAN）到欧洲，它是一种表面包覆有大约 0.75% 的蜡，并用 3.5% 的黏土改性后的粒状硝酸铵。因为它没有被当成一种炸药，所以在搬动及装运过程中没有采取特别措施，甚至有工人在装载这种材料时吸烟。

1947 年 4 月 16 ~ 17 日，在这种肥料装运过程中发生了一场可怕的爆炸，而在这之前这种肥料已进行过多次的装运，从未有任何问题。那次事故中，停泊在得克萨斯州港口装载着这种肥料的 SS Grandchamp 及 SS Highflyer 两艘货船都发生了爆炸。这些灾难发生后，美国就造成爆炸的可能原因进行了一系列调查。与此同时，对硝酸铵及其与有机及无机材料的混合物的爆炸性质开展了更全面的研究。得克萨斯城的爆炸事故刚刚发生后，7 月28 号法国布雷斯特港口的“海洋自由”号上也发生了同样的爆炸。

事故调查结果表明，硝酸铵远非以前认为的那么安全。因此，美国立即实施了更为严格的指导硝酸铵储存、装载和运输的规范。

1.5 工业炸药的发展

1.5.1 许用炸药的发展

1870 年之前，黑火药一直是唯一用于煤矿开采的炸药，其间发生了一些灾难性的爆炸事故。许多人企图改良黑火药的配方，包括将黑火药与“冷却剂”如硫酸铵、淀粉、石蜡等混合，或将装有水的圆筒塞入装有黑火药的炮孔中，但所有的这些方法都没有成功。

随着硝化纤维素及硝化甘油的发明，人们试图将它们用作矿用炸药的组分以替代黑火药。但是发现这并不适合用于含有瓦斯气体的煤矿中。直到诺贝尔发明代那买特炸药和爆胶，硝化甘油基炸药才开始主导工业爆破及采矿业。在煤矿开采中，炸药使用量的日益增长，带来了瓦斯及粉尘爆炸数量的相应增加，并伴随着巨大的人员伤亡。一些欧洲政府因此考虑禁止在煤矿中使用这些炸药，转而采用水力或压缩空气设备。在实施这项严厉措施之前，一些政府决定指派科学家或由科学家牵头的委员会来研究这一问题。1877—1880 年间，法国、英国、比利时、德国等都成立了委员会。根据法国委员会的调查结果，在岩石爆破及含瓦斯煤矿开采时设置最高爆炸温度可解决这一问题。而德国及英国认为，控制爆炸温度只是确保爆破安全的一个因素，也应考虑其他的措施。因此，1880 年，为了测试新研发的炸药，在德国的盖尔森基兴（Gelsenkirchen）建设了试验巷道。这个巷道旨在尽可能接近地模拟采矿条件。1888 年，英国组成了委员会，并于 1890 年左右在 Hebburn 煤矿建成了一条试验巷道。在测试了各种不同的炸药后，推荐了几种适于煤矿爆破的炸药，它们大多是基于硝酸铵的炸药。通过测试的炸药称作“许用炸药”。代那买特炸药及黑火药均未通过测试，它们被基于硝酸铵的炸药取代。该委员会的结论促成了 1906 年的煤矿规章法案。遵照这一法案，在英格兰的伍尔维奇兵工厂和罗瑟汉姆（Rotherham）建设了试验巷道。

1.5.2 铵油、浆状和乳化炸药以及爆破炸药的发展

1913 年，英国的煤矿开采量达到历史最高点 2.87 亿吨，每年消耗 5000 吨以上的炸药。1917 年之前，这些炸药的 92% 都是基于硝酸铵的。为了降低混合炸药的成本，炸药工业在配方中添加更多廉价的硝酸铵化合物，但是其令人遗憾的副作用是降低了炸药的抗水性。由于煤矿及采矿场经常是潮湿的，且装填炸药的炮眼中经常填满了水，所以这是一个严重的问题。化学家们在硝酸铵与代那买特炸药混合之前，使用各种无机粉末包覆硝酸铵，并改善炸药的包装以防止水渗入来克服这一缺点。但是矿用炸药仍然发生意外爆炸。1950 年，制造商开始开发既能防水又只含有危险性较小的硝酸铵的炸药，其中最有名的是铵油炸药（ANFO）。20 世纪 70 年代，美国的 Ireco 和 DuPont 公司开始将涂料级的铝粉和硝酸甲胺加入到配方中，生产出了更易引爆的凝胶炸药。近年来发展的产品是乳化炸药，它是由油包硝酸铵溶液的液滴形成的乳液。由于其连续相是油层，故这些乳化炸药具有抗水性；又因为硝酸铵与油能充分接触，所以它们很容易引爆。乳化炸药比代那买特炸药更加安全，工艺简单且价格低廉。

第一个乳化炸药是由伊格利（Egly）和内克尔（Neckar）于 1964 年制得的。他们通过高速剪切搅拌器将硝酸铵水溶液、油及一种乳化剂混合，然后将结晶硝酸铵加入乳液中，这种乳化炸药溶液具有较为有限的寿命。此后，1969 年，Bluhm 发明了一种改进的、性能稳定的乳化炸药，称为阿奎拉姆（Aquaram）。Bluhm 将热的硝酸铵和硝酸钠溶液加入到包含乳化剂的矿油中乳化，然后通过下述任一方法敏化此乳化液：在高剪切搅拌机中充气敏化；加入化学成气剂敏化；加入空心玻璃微球。1978 年，克莱（Clay）首次将 ANFO 加入到乳化炸药中，从而制得一种爆破炸药，其优点是不含敏化剂和气泡。

1.6 军用炸药的发展

1.6.1 苦味酸的发展

1885 年，Turpin 发现苦味酸（$C_6H_3N_3O_7$）是一种合适的黑火药替代品。1888 年，英国 Liddite 弹药中的黑火药被苦味酸替代。苦味酸很可能是最早被知晓的硝基苯酚：早在 1742 年，格劳伯就已在他的炼金术著作中提到过。在 19 世纪下半个世纪中，苦味酸被广泛地用作丝绸及羊毛制品的快速染料。直到 1830 年，Welter 才探索研究了苦味酸作为炸药使用的可能性。

Designolle 和 Brugere 曾提议将苦味酸盐用作发射药使用。1871 年，Abel提出将苦味酸铵作为炸药使用。1873 年，Sprengel 发现，苦味酸能被引爆。Turpin 利用这些发现，将苦味酸取代黑火药装填在炮弹中。1894 年，俄国的 Panpushko 制备了苦味酸，并且很快意识到其作为炸药的可能性。最终，全世界接受了苦味酸［1－2］用作基本的军用炸药。

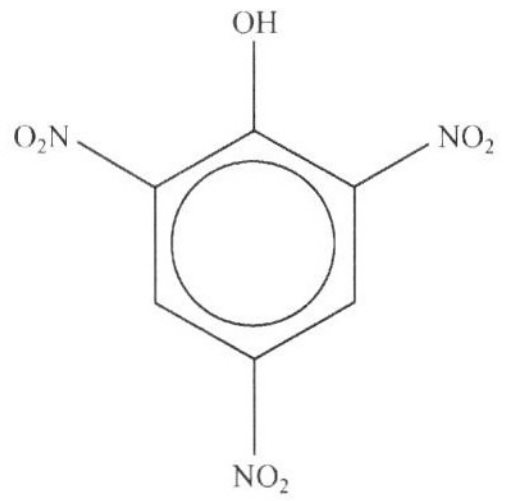

［1－2］

苦味酸的确也存在自身的问题：在有水存在的情况下，苦味酸能引起弹壳的腐蚀；苦味酸盐十分敏感并且易于意外引爆；同时，苦味酸需要长时间高温加热才能熔化。

1.6.2 特屈儿的发展

在发现苦味酸的同时，一种称为特屈儿（Tetryl）的炸药也被研制成功。1877 年，Mertens 首次制得了特屈儿。1883 年，Romburgh 确定了它的化学结构。1906 年，特屈儿［1－3］被用作炸药，并在 20 世纪初常被用作起爆雷管的基本装药。

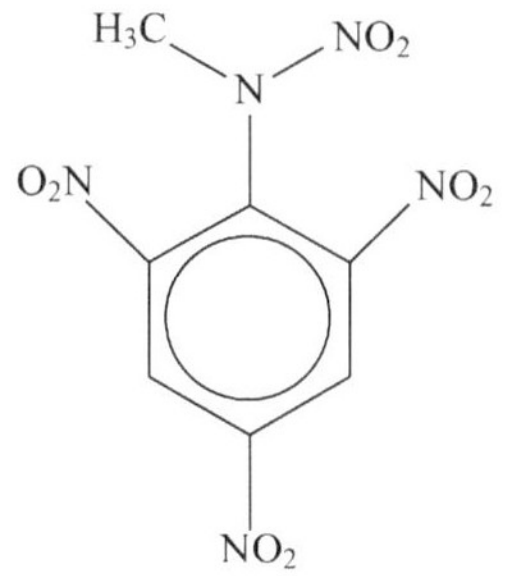

[1 – 3]

1.6.3 TNT 的发展

1902 年左右，德国人及英国人对三硝基甲苯［TNT（$C_7H_5N_3O_6$）］进行了试验研究。TNT 是 Wilbrand 于 1863 年首次合成的。1870 年，Beilstein 和 Kuhlberh 首次详细研究了 2，4，6 – 三硝基甲苯的制备，并发现了同分异构体 2，4，5 – 三硝基甲苯。1880 年，Hepp 制备了纯的 2，4，6 – 三硝基甲苯。1883 年，克劳斯（Claus）和贝克（Becker）确定了它的结构。1891 年，德国开始生产 TNT，并于 1899 年将铝与 TNT 混合生产混合炸药。1902 年，德军开始用 TNT 替代苦味酸。1912 年，美军也开始使用 TNT。到 1914 年，TNT［1 – 4］成为了第一次世界大战中所有军队的标准炸药。

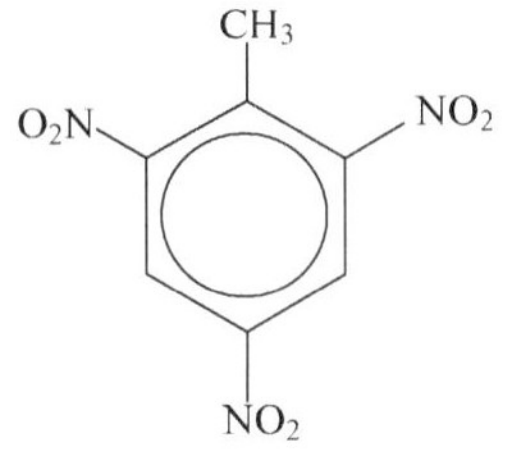

[1 – 4]

由于要从煤焦油中获取甲苯，TNT 的生产受到了限制，不能满足弹药的装填需求。一种将 TNT 与硝酸铵混合的被称作阿马托的炸药被广泛使用，以缓解 TNT 的短缺。添加了铝的相同配方的水下炸药称为阿米诺（Aminal）。

1.6.4 硝基胍的发展

硝基胍也在第一次世界大战期间得到应用，德国人将其作为爆炸装药的一种组分，与硝酸铵、石蜡混合装填迫击炮弹。硝基胍也被用在第二次世界大战中，后来被用在三基发射药中。

1877 年，Jousselin 首次合成了硝基胍（$CH_4N_4O_2$），1901 年，维也里（Vieille）研究了它的性质。在第一次世界大战中，硝基胍与硝化纤维素混合用于无焰火药。然而，这种配方存在的问题是，在储存中，硝基胍会与硝化纤维素发生反应。1937 年，Dynamit AG 公司解决了该问题，并研发了含有硝基胍的被称为 Gudol Pulver 的发射药。这种发射药燃烧时产生很少的烟，发射时几乎不存在炮口焰，此外还发现能提高火炮身管的寿命。

第一次世界大战后，实施了一批主要的研究项目以寻找新型并具有更高能量的爆炸性材料。在这些项目中产生了环三亚甲基三硝胺［(RDX)($C_3H_6N_6O_6$)］（也称作 Cyclonite 或黑索今）和季戊四醇四硝酸酯［(PETN)($C_5H_8N_4O_{12}$)］。

1.6.5 PETN 的发展

1894 年，通过硝化季戊四醇首次制备了季戊四醇四硝酸酯（PETN）。直至第二次世界大战前 10 年，由于合成 PETN 所需的甲醛、乙醛变得易于获得，PETN 才开始实现工业化生产。第二次世界大战期间，由于 PETN 的撞击感度高、化学稳定性差，RDX 使用量较 PETN 更大。人们研制了一种含 50% PETN 及 50% TNT 的混合炸药，称作 Pentrolit 或 Pentolite，这种混合炸药用来装填手雷、反坦克榴弹及雷管。

1.6.6 RDX 及 HMX 的发展

1899 年，德国人亨宁（Henning）出于医用目的首次合成出了 RDX。直至 1920 年，赫兹（Herz）才认识到其用作炸药的价值。赫兹通过直接硝化乌洛托品，成功制备了 RDX，但是这种方法产率低，生产成本高且不适于大规模生产。1925 年，黑尔（Hale）在 Picatinny 兵工厂研发了一种产率高达 68% 的 RDX 生产工艺。然而，直到 1940 年，RDX 的生产工艺并没有取得进一步的实质性发展。那一年，麦斯纳（Meissner）研发了一种 RDX 连续化生产工艺，加拿大人 Ross 及 Schiessler 研发了一种不需要使用乌洛托品作为初始原料的 RDX 合成工艺方法。与此同时，巴赫曼（Bachmann）研制了一种以乌洛托品合成 RDX［1－5］的产率最高的工艺过程。

巴赫曼法生产的 RDX 称为 B 型 RDX，其中含有 8% ~12% 的杂质。这种具有爆炸性质的杂质后来用来研发 HMX 炸药，又名奥克托今。在第二次世界大战期间，加拿大采用了巴赫曼的生产工艺，此后，美国的 Tennessee－Eastman 公司也采用了该工艺。这种生产工艺更加经济，而且也导致了几种新炸药的发现。布罗克曼（Brockman）发展了一条合成不含杂质的纯 RDX 的生产路线，生产出的 RDX 称为 A 型 RDX。

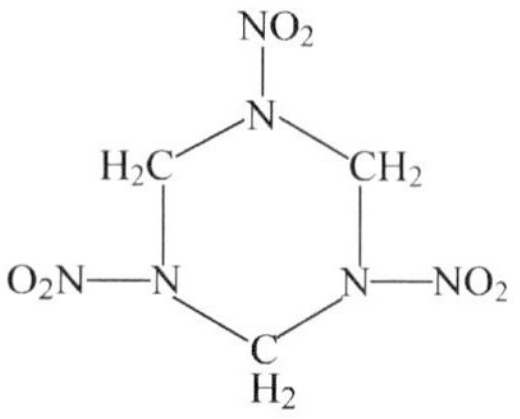

[1－5]

1920 年，赫兹的专利公布后，位于英国伍尔维奇的军械研究部开始研发 RDX 的生产路线。1933 年，日产 75 磅① RDX 的小型试验工厂建成，并一直运营到 1939 年。1939 年，在沃尔瑟姆阿比建成了另一座工厂。1941 年，在靠近布里奇沃特建立了大规模的工厂。第二次世界大战期间，英国并没有将 RDX 用作炮弹及炸弹的主装药，而是将 RDX 添加到 TNT 中以提高混合炸药的威力。德国、法国、意大利、日本、俄国、美国、西班牙及瑞典使用 RDX 作为炸药组分。

在第二次世界大战期间，研发新型的更具威力的炸药及混合炸药的工作一直在进行。Torpex（TNT/RDX/Al）和环四亚甲基四硝胺，即奥克托今［（HMX）（$C_4H_8N_8O_8$）］，在第二次世界大战末可以使用了。1952 年，一种称为奥克托儿（Octol）的混合炸药研发成功，该炸药含有 75% 的 HMX 和 25% 的 TNT。第二次世界大战期间，可模塑成型的塑性炸药也发展了起来。这种炸药通常含有凡士林或者胶状的液体硝基化合物以提供类似塑料的黏稠性。表 1.1 总结了在第二次世界大战中使用的混合炸药。

表 1.1　第二次世界大战期间使用的混合炸药的组成

名称	组分
Baronal	硝酸钡、TNT 和铝
Composition A	88.3% RDX 和 11.7% 非爆炸性塑化剂
Composition B（cyclotol）	RDX、TNT 和蜡
H－6	45% RDX、30% TNT、20% 铝和 5% 蜡
Minol－2	40% TNT、40% 硝酸铵和 20% 铝

① 1 磅＝0.4536 千克（kg）。

（续）

名称	组分
Pentolites	50% PETN 和 50% TNT
Picratol	52% 苦味酸和 48% TNT
PIPE	81% PETN 和 19% Gulf Crown E 油
PTX－1	30% RDX、50% 特屈儿和 20% TNT
PTX－2	41%～44% RDX、26%～28% PETN 和 28%～33% TNT
PVA－4	90% RDX、8% PVA 和 2% 邻苯二甲酸二丁酯
RIPE	85% RDX 和 15% Gulf Crown E 油
Tetrytols	70% 特屈儿和 30% TNT
Torpex	42% RDX、40% TNT 和 18% 铝

1.6.7 高分子粘结炸药

为了降低新合成的炸药晶体的感度，将炸药晶体包埋在类似橡胶的高分子基体中，从而研发了高分子粘结炸药（PBX）。1952 年，美国的洛斯阿拉莫斯（Los Alamos）科学实验室研发了第一种 PBX 炸药。这种炸药是由 RDX 结晶嵌布于增塑的聚苯乙烯而组成。自 1952 年以后，劳伦斯－利弗莫尔（Lawrence Livermore）实验室、美国海军及其他的机构开始研制了一系列的 PBX 配方，部分配方如表 1.2 所列。

表 1.2 代表性的 PBX 炸药（HMX 是奥克托今，HNS 是六硝基芪，PETN 是季戊四醇四硝酸酯，RDX 是黑索今，TATB 是 1，3，5－三氨基－2，4，6－三硝基苯）

炸药	胶黏剂和增塑剂
HMX	甲酰基乙酰基－2，2－二硝基丙醇（DNPAF）和聚氨酯
HMX	Cariflex（热塑性弹性体）
HMX	端羟基聚丁二烯（聚氨酯）
HMX	端羟基聚酯
HMX	Kraton（苯乙烯和乙烯－丁烯嵌段共聚物）
HMX	Nylon（聚酰胺）
HMX	聚酯树脂－苯乙烯
HMX	聚乙烯
HMX	聚氨酯
HMX	聚乙烯醇
HMX	聚乙烯缩丁醛树脂

（续）

炸药	胶黏剂和增塑剂
HMX	Teflon（聚四氟乙烯）
HMX	Viton（氟橡胶）
HNS	Teflon（聚四氟乙烯）
NTO	Cariflex（丁二烯和苯乙烯嵌段共聚物）
NTO/HMX	Cariflex（丁二烯和苯乙烯嵌段共聚物）
NTO/HMX	Estane（聚酯和聚氨酯共聚物）
NTO/HMX	Hytemp（热塑性弹性体）
PETN	乙酰柠檬酸三丁酯的丁基橡胶
PETN	环氧树脂－二乙撑三胺
PETN	Kraton（苯乙烯和乙烯－丁烯嵌段共聚物）
PETN	双（2－己二酸乙基己酯）乳液
PETN	Nylon（聚酰胺）
PETN	聚酯和苯乙烯共聚物
PETN	聚丙烯酸乙酯和邻苯二甲酸二丁酯
PETN	硅橡胶
PETN	Viton（氟橡胶）
PETN	Teflon（聚四氟乙烯）
RDX	环氧醚
RDX	Exon（聚三氟氯乙烯/偏二氯乙烯）
RDX	端羟基聚丁二烯（聚氨酯）
RDX	Kel－F（聚三氟氯乙烯）
RDX	Nylon（聚酰胺）
RDX	Nylon 和铝
RDX	硝基－氟烷基环氧树脂
RDX	聚丙烯酸酯和石蜡
RDX	聚酰胺树脂
RDX	聚异丁烯/Teflon（聚四氟乙烯）
RDX	聚酯
RDX	聚苯乙烯
RDX	Teflon（聚四氟乙烯）
TATB/HMX	Kraton（苯乙烯和乙烯－丁烯嵌段共聚物）

20 世纪 60 年代及 70 年代前期，研发出采用 Teflon（聚四氟乙烯）作为胶黏剂的 HMX 基 PBX 炸药，用于炮弹及月球地震实验中。RDX 基及 RDX/PETN 基的 PBX 也研制了出来，这就是称为 Semtex（塞姆汀）的高

分子粘结炸药。有助于提高 PBX 炸药性能的包含有含能聚合物的 PBX 炸药的研发工作正在进行中。应用含能的预聚体（主要为端羟基聚丁二烯(HTPB)）替代炸药组分中惰性的预聚体，以提高爆炸性能，且不使其在受到意外激发时的易损性变差。过去 10 年的研究表明，与传统的混合炸药相比，含有惰性或含能胶黏剂的 PBX 具有更高的撞击感度。增塑剂的添加一方面提高加工性能和力学性质，另一方面也降低了 PBX 的感度。用于 PBX 的含能增塑剂也已经研发了出来。表 1.3 及表 1.4 分别为研究中的具有代表性的含能聚合物及含能增塑剂。

表 1.3　代表性含能聚合物

俗称	化学名称	结构
GLYN（单体）	缩水甘油硝酸酯	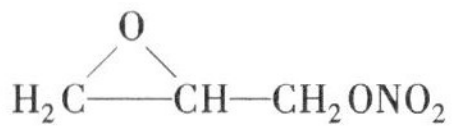
Poly（GLYN）	聚（缩水甘油硝酸酯）	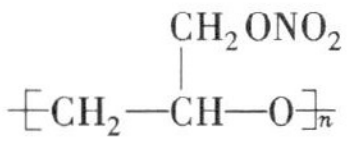
NIMMO（单体）	3－硝酸酯甲基－3－甲基氧丁环	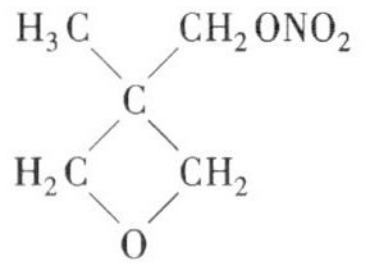
Poly（NIMMO）	聚（3－硝酸酯甲基－3－甲基氧丁环）	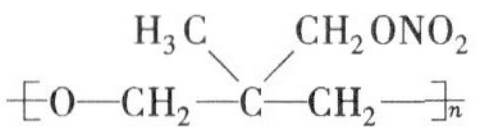
GAP	聚叠氮缩水甘油醚	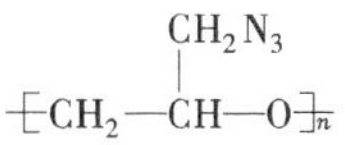
AMMO（单体）	3－叠氮甲基－3－甲基氧丁环	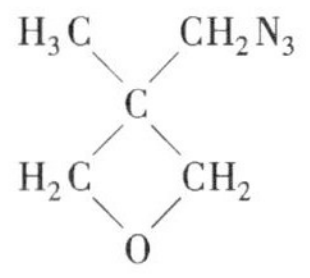
Poly（AMMO）	聚（3－叠氮甲基－3－甲基氧丁环）	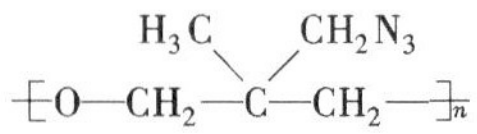
BAMO（单体）	3，3－二叠氮甲基氧丁环	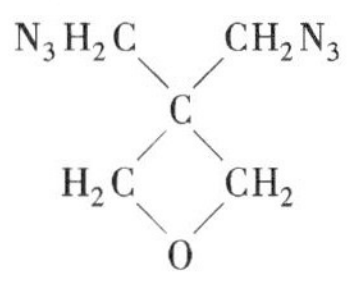
Poly（BAMO）	聚（3，3－二叠氮甲基氧丁环）	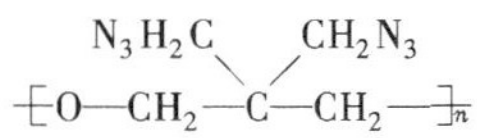

表 1.4　代表性的含能增塑剂

俗称	化学名称	结构
NENAs	烷基硝氧乙基硝胺	$R—N(NO_2)—CH_2—CH_2ONO_2$
EGDN	乙二醇二硝酸酯	$O_2NOH_2C—CH_2ONO_2$
MTN	三羟甲基乙烷三硝酸酯	$H_3C—C(CH_2ONO_2)_3$
BTTN	1，2，4－丁三醇三硝酸酯	$O_2NOH_2C—CH(ONO_2)—CH_2—CH_2ONO_2$
K10	二硝基乙苯和三硝基乙苯混合物	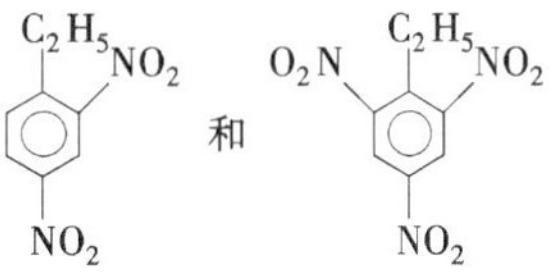
BDNPA/BDNFA	双（2，2－二硝基丙醇）缩甲醛和（2，2－二硝基丙醇）缩乙醛混合物	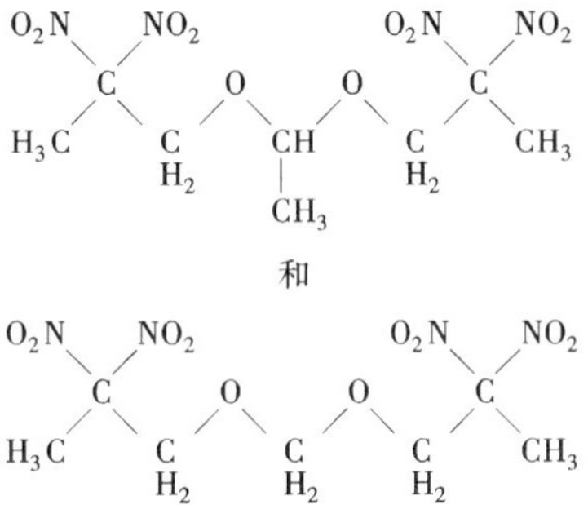

1.6.8　最近的发展

最近发展的炸药有 1966 年西普（Shipp）合成的六硝基芪［（HNS）（$C_{14}H_6N_6O_{12}$）］，1978 年阿德金斯（Adkins）和洛里斯（Norris）制得的三氨基三硝基苯｛（TATB）［$(NH_2)_3C_6(NO_2)_3$］｝。与其他炸药相比，这两种炸药都能耐高温。TATB 是 1888 年由杰克逊（Jackson）和温（Wing）首次制备的，并测定了它的溶解特性。20 世纪 50 年代，美国海军军械实验室意识到 TATB 是一种有用的耐热炸药，并成功进行了小规模的制备，获得了具有高产率的大规模生产合成路径。

5－硝基－1，2，4 －三唑－3－酮［(NTO)($C_2H_2N_4O_3$)］是一种高能低敏感的新型炸药，反应热高，且在热分解中有自催化行为。1905 年，通过硝化 1，2，4 三唑－3－酮首次合成了 NTO。20 世纪 60 年代，人们又重新对它产生兴趣，但直到 1987 年，李（Lee）、查普曼（Chapman）和科伯恩（Coburn）才报道了 NTO 的爆炸性质。NTO 现广泛用于炸药配方、PBX 以及汽车安全气囊中的气体发生剂。NTO 的盐类衍生物也具有低感度，是一种潜在的可用于固体推进剂的含能弹道添加剂。

2，4，6，8，10，12－六硝基六氮杂异伍兹烷（$C_6H_6N_{12}O_{12}$）或 HNIW，常称为 CL－20，属于高能量密度的笼状硝胺。1987 年，阿尼·尼尔森（Arnie Nielsen）首次合成了 CL－20，现在法国的 SNPE 公司建有产量为 50～100kg 的工业中试生产工厂。

硝基立方烷可能是现在威力最大的炸药，其预测爆速超过 10000m/s。1964 年，美国芝加哥大学的伊顿（Eaton）和科尔（Cole）首次合成了立方烷。然后，美国陆军军械研究发展中心资助研发八硝基立方烷［(ONC)($C_8N_8O_{16}$)］和七硝基立方烷［(HpNC)($C_8N_7O_{14}$)］的合成。ONC 及 HpNC 分别于 1997 年和 2000 年由伊顿及其合作者成功地合成出来。ONC 的化学结构是立方烷分子中的氢原子全被硝基所取代［1－6］，HpNC 的密度高于 ONC，推测其是一种能量更高且对冲击不敏感的炸药。

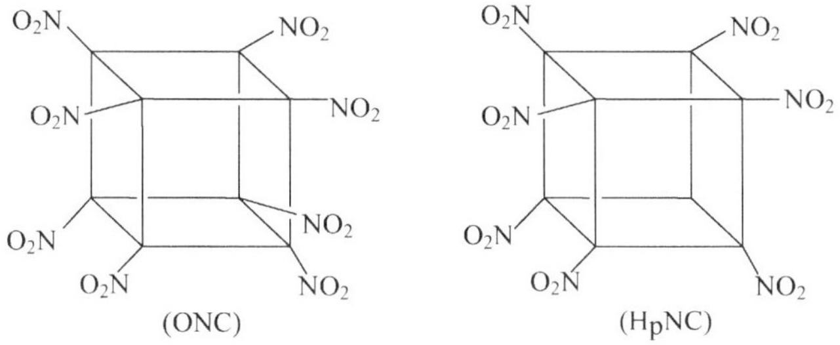

［1－6］

对单位质量能产生大量气体的含能分子的研究，导致了具有高 H/C 比的分子结构的发现。这种代表性的分子结构有硝仿肼（HNF）和二硝酰胺铵（ADN）。HNF 的主要研发工作是在荷兰进行的，而 ADN 的研发是在俄罗斯、美国和瑞典开展的。ADN 是一种高密度、不含氯、含有强氧化剂并能取代复合推进剂中的 AP 作为氧化剂使用的一种令人感兴趣的候选物。ADN 的撞击感度比 RDX、HMX 低，但其摩擦感度及静电火花感度更高。

近年来高分子胶黏剂研究的一个新成员就是聚磷腈。这类聚合物非常柔韧，玻璃化温度很低，结构和物理性质变化范围广。

聚磷腈［1－7］是一类以N作为其部分结构骨架的聚合物，普遍应用于石油工业、燃料运输和储存系统中的O形环、管道和密封件。聚磷腈衍生物具有生物相容性、生物可降解性和生物活性，其中有一部分聚磷腈衍生物正被研究在医学领域应用的可能性。科尔克拉夫（Colclough）在1995尝试合成含能聚磷腈。2006年，戈尔丁（Golding）和特鲁塞尔（Trussel）获得了合成含能聚磷腈的专利。他们合成的含能聚磷腈与现有材料，如GAP、poly（NIMMO）和poly（GLYN）相比，具有高能量密度和更低的玻璃化温度，并且能够经化学修饰变为既有黏性又有弹力的聚合物，可作为PBX的胶黏剂。

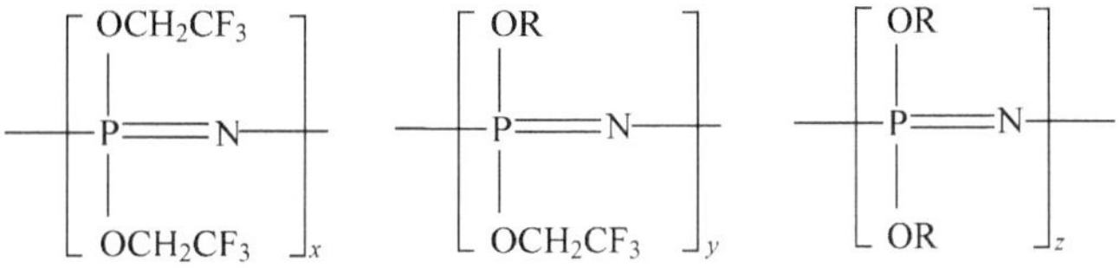

［1－7］

表1.5所列为目前正在研发的有代表性的炸药分子；表1.6所列为世界炸药发展史上的重大发现。

表1.5　正在研发的有代表性的炸药分子

俗称	化学名称	结构
NTO	5－硝基－1，2，4－三唑－3－酮	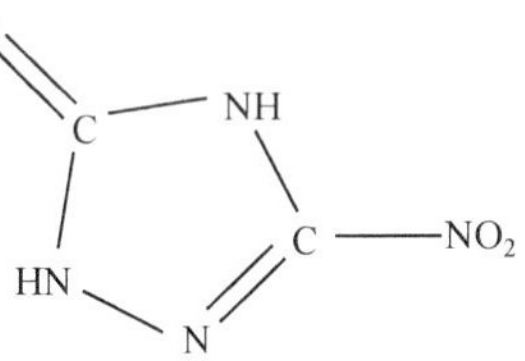
ADN	二硝酰胺铵	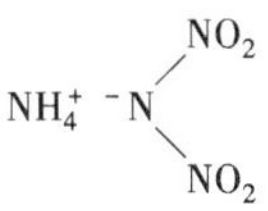
TNAZ	1，3，3－三硝基氮杂环丁烷	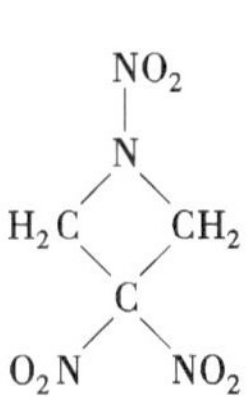

（续）

俗称	化学名称	结构
CL－20	2，4，6，8，10，12－六硝基－2，4，6，8，10，12－六氮杂异伍兹烷	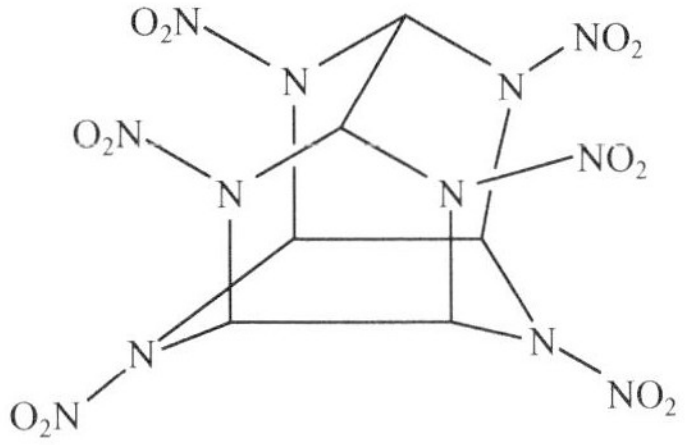
HNF	硝仿肼	$H_2N-NH_3C(NO_2)_3$
ONC	八硝基立方烷	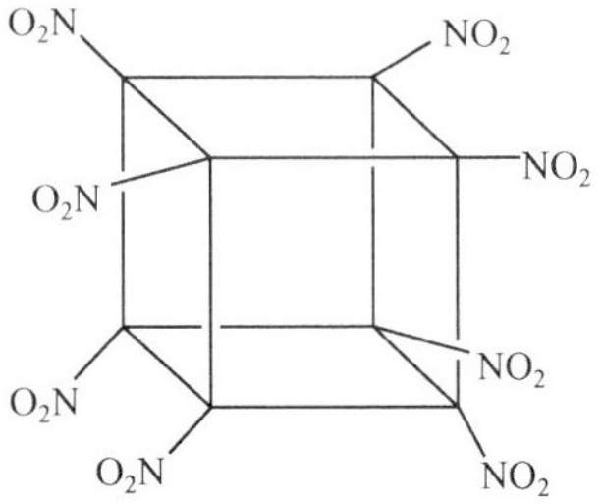
HpNC	七硝基立方烷	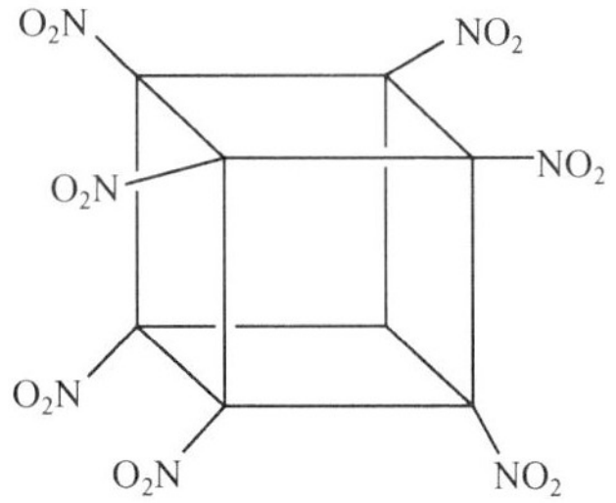
DAF	3，4－二氨基呋喃	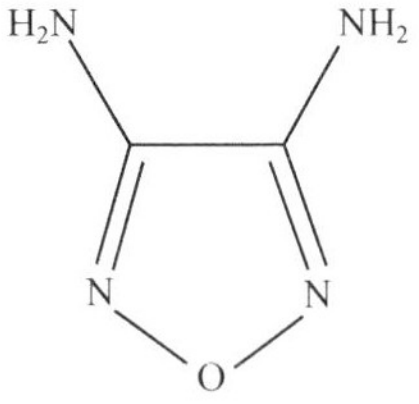

表 1.6　燃烧剂、烟花、黑火药和炸药史上的一些重大发现

时间	爆炸物
220 BC	中国炼丹师意外制得了黑火药
222—235 AD	罗马帝国的亚历山大六世将由生石灰和沥青复合而成的球与水接触，产生能瞬间自发点火的“自燃火”（automatic fire）
690	阿拉伯人在麦加围攻战中使用黑火药

（续）

时间	爆炸物
940	中国发明的“火球”所用炸药组分与黑火药类似
1040	中国在北京建立了黑火药工厂
1169—1189	中国开始制作烟花
1249	Roger Bacon 在英国首次制备了黑火药
1320	德国人 Schwartz 研究黑火药并帮助将其引入中欧
1425	研发了造粒工艺
1627	匈牙利人 Kaspar Weindl 将黑火药应用于爆破中
1646	瑞典博福斯工厂开始生产黑火药
1654	Glauber 从事硝酸铵的制备
1690	德国人 Kunkel 制备了雷酸汞
1742	Glauber 制备了苦味酸
1830	Welter 探索苦味酸在炸药中的应用
1838	法国人 Pelouze 将纸和棉花进行硝化
1846	Schönbein 和 Böttger 将纤维素进行硝化制备火棉
1846	意大利人 Sobrero 发现了液态硝化甘油
1849	Reise 和 Millon 报道了木炭和硝酸铵的混合物在加热下发生爆炸
1863	瑞典发明家诺贝尔制造出了硝化甘油
1863	德国人 Wilbrand 制备出了 TNT
1864	Schultze 制备出了硝化纤维素发射药
1864	Vieile 也制备出了硝化纤维素发射药
1864	诺贝尔研发出雷酸汞雷管
1865	Abel 实现了硝化纤维素稳定性的提高
1867	诺贝尔发明了代那买特炸药
1867	瑞典化学家 Ohlsson 和 Norrbin 在代那买特中加入了硝酸铵
1868	Brown 发现干燥压缩的火棉能被引爆
1868	Brown 又发现湿的、压缩的硝化纤维素 能够被少量干燥的硝化纤维素引爆
1871	Abel 提出苦味酸铵可被用作炸药
1873	Sprengel 发现苦味酸能够被引爆
1875	诺贝尔将硝化甘油和硝化纤维素混合形成凝胶
1877	Mertens 首次制备了特屈儿
1879	诺贝尔制造出硝酸铵胶质代那买特炸药

（续）

时间	爆炸物
1880	德国人 Hepp 制备了纯的 2，4，6－三硝基甲苯（TNT）
1883	Romburgh 确定了特屈儿的结构
1883	Claus 和 Becker 确立了 TNT 的结构
1885	Turpin 用苦味酸代替了 TNT
1888	Jackson 和 Wing 首次制备了 TATB
1888	英国 Liddite 弹药开始使用苦味酸
1888	诺贝尔发明了巴里斯太火药
1889	英国科学家 Abel 和 Dewar 获得了柯达火药专利
1891	德国开始生产 TNT
1894	俄国人 Panpushko 制备出了苦味酸
1894	德国进行 PETN 的制备
1899	Henning 制备了药用 RDX
1899	德国将铝粉与 TNT 混合
1900	Jousselin 研发制备了硝基胍
1902	德军用 TNT 代替苦味酸
1905	首次报道了由 1，2，4－三唑－3－酮硝化制得 NTO
1906	特屈儿被作为炸药使用
1912	美国陆军开始在弹药中使用 TNT
1920	德国人 Herz 制得 RDX
1925	美国人制得大量的 RDX
1940	Meissner 研发了一种连续化制备 RDX 的方法
1940	Bachmann 发展了 RDX 的制备过程
1943	Bachmann 制得了 HMX
1952	美国首次制得含有 RDX、聚苯乙烯和邻苯二甲酸二辛酯的 PBX
1952	奥克托儿混合炸药（Octols）配方出现
1957	美国人 Cook 研发了浆状炸药
1964	Eaton 和 Cole 在美国芝加哥大学首次合成了立方烷
1966	Shipp 制得了 HNS
1970	美国 Ireco 和 Dupont 公司在 ANFO 中加入涂料级铝粉和 MAN 生成凝胶炸药

（续）

时间	爆炸物
1978	Adkins 和 Norris 制备出 TATB
1983	Fluorochem 公司首次制得 TNAZ
1987	Lee、Chapman 和 Coburn 报道了 NTO 的爆炸性质
1987	Arnie Nielsen 首次合成了 CL－20
1997	Eaton 和他的合作者成功合成了 ONC
2000	Eaton 和他的合作者成功合成了 HpNC

1.6.9　不敏感弹药和不敏感炸药

在提高弹药生存能力和安全性的努力中，一些国家制定了政策，要求所有新弹药能够经受住意外发生的事故、火灾或敌方的攻击。一个能够应对这项要求的方法就是采用“不敏感弹药”（IM）。除了正常使用之外，不敏感弹药在其他任何情况下都不会爆炸。如果它受到爆炸的碎片或子弹的撞击，它不会被引爆。如果它在一个被击中的目标附近，它也不会被引爆。在极限温度下，它只发生燃烧。安全性的提高允许在较小的容器中包装、搬动、储存和运输更多的弹药。

设计不敏感弹药有 3 种途径：①对高能弹药进行保护，运输时采用一定的外部保护措施，如一些弹药运输的集装箱设计成具有一定程度的防护和绝热保护功能；②高能弹药的壳体设计成便于通风或其他一些在火灾发生时能够释放压力的形式；③需要选择在化学上有更高程度稳定性的高能填充物，如使用不敏感炸药（IHE）。

IHE 必须具有足够的威力，确保任务的完成，同时敏感度要足够低，以防止意外爆炸。例如，CL－20 能量密度较 HMX 至少高 15%，但不属于 IHE，因为它对意外撞击很敏感。反之，LLM－105［1－氧－2，6－二氨基－3，5－二硝基吡嗪（$C_4H_4N_6O_5$）］能量比 TNT 高 60% 多，属于不敏感炸药。TATB 是一种能量适中的高能炸药，对热和冲击的稳定性远高于任何其他已知的同能量的炸药，因此是 IHE 很好的候选者。20 世纪 90 年代后期，Groupe SNPE（法国国营空间和军用火炸药生产商）生产了一种降感 RDX（RS－RDX），可应用于 IHE 配方中。随后一些制造商生产了各种形式的 RS－RDX，如 I RDX（Insensitive RDX）和 A 级 RDX。挪威的凯姆伦·诺贝尔（Chemring Nobel）公司也生产了一种 RS－HMX。表 1.7 所列为一些典型的 IHE 配方。

表1.7 典型不敏感炸药（IHE）配方（其中CAB是乙酸纤维素丁酸酯，DNAN是2，4－二硝基苯甲醚，HTPB是端羟基聚丁二烯，IPDI是异佛尔酮二异氰酸酯，Kel－F 800是三氟氯乙烯－偏二氟乙烯聚合物）

名称	炸药/%（质量分数）	胶黏剂＋塑化剂/%（质量分数）	其他成分/%（质量分数）
LX－17	92.5 TATB	7.5 Kel－F 800	
PAX－2A（1）	85 HMX	1.6 CAB	碳（含量不明）
PAX－21	36 RDX 34 DNAN	9 K10	30 高氯酸铵 n－甲基硝基苯胺
PAX－24	DADN（含量不明）		高氯酸铵 n－甲基硝基苯胺
PAX－25	RDX（含量不明） DNAN（含量不明）		高氯酸铵 n－甲基硝基苯胺
PAX－26	DNAN（含量不明）		铝 高氯酸铵 n－甲基硝基苯胺
PAX－28	20 RDX 40 DNAN		20 铝 20 高氯酸铵 n－甲基硝基苯胺
PAX－40	65 HMX 35 DNAN		n－甲基硝基苯胺
PAX－41	65 RDX 35 DNAN		硝基苯胺
PBXW－124	27 NTO 20 RDX	5 HTPB 7 IPDI	20 铝 20 高氯酸铵
PBXW－122	47 NTO 5 RDX	5 HTPB 7 IPDI	15 铝 20 高氯酸铵

1.6.10 爆炸物与环境

直至20世纪80年代中期，过剩和退役的含能材料、弹药以及发射药和推进剂通过海洋抛弃、露天燃烧或炸毁来处理。这些处理技术往往是首选的弃置方法，因为它们简单、花费少、效率高且安全。近年来，随着对人类身体健康和环境保护的关切，人们已认识到海洋抛弃、露天焚烧或炸毁的处理方式有潜在的危害。因此，海洋抛弃的方式已被禁止，露天燃烧或炸毁的方式也已逐渐受到限制。例如，德国和荷兰已禁止露天燃烧和炸毁；其他国家，如美国和加拿大也限制了该类方式。然而，人们对过去采用的这些处理方式仍然关切，它们已造成了陆地、土壤和水体的污染。

与炸药相关的，能够造成陆地、土壤和水体污染的活动有多种，包括生产工厂、射击试验场、露天燃烧、露天炸毁，以及在过去的战争中，如第一次和第二次世界大战，遗留在地下的弹药。例如，1914—1918 年间，英国制造炸药所产生的含有苦味酸的废物被弃置于废弃的白垩矿场里，20 世纪 20 年代早期发现该矿场附近的水源泛黄。1942 年，另一处被污染的水源表明该污染物已经迁移了至少 1 英里①。从 1939 年到 1955 年，这一地区周围的水样都报告带有这种特殊的苦味酸黄色。已经进行了 TNT、RDX、HMX 和其他炸药对环境影响的研究。研究发现 TNT 溶于水，并且具有可被光解作用降解的倾向，而 RDX 和 HMX 在水中不易溶解，因此可以透过土壤渗入地下水中（表 1.8）。为了减少、控制和监管爆炸物废弃物，已经实施了环境法案。这些法案包括水资源法（Water Resources Act）、地下水法规（Groudwater Regulations）以及环境保护法（Environmental Protection Act）（表 1.9）。

表 1.8　影响环境的某些炸药性质

炸药	与环境相关的特性	可对环境造成的影响
TNT	可快速被土壤溶解和强烈吸收，但也容易降解；根据土壤的特征，这些分解产物的移动性比 TNT 强或相当；植物能从被 TNT 污染的土壤上吸收 TNT，这包括菜园中各种可食用的植物，水生植物和湿地植物以及树木，TNT 能在这些植物的根部累积	水中 TNT 对植物致命浓度为 5000μg /L，污染土壤中对植物的危害毒性依赖于土壤的属性，例如，在属于粉砂质的土壤中，当 TNT 的浓度达 200mg/kg，植物的产量会大幅下降，而在属于黏土的土壤中，当 TNT 的浓度小于 400mg/kg，观察不到植物产量的变化；实验室研究还显示 TNT 浓度大于 9000mg/kg 的土壤中不会有任何蚯蚓的生存，同时，高剂量的 TNT 对雄性动物的生殖系统有巨大的影响
RDX	水中溶解非常缓慢，土壤吸收不强，随地下水污染羽流可迁移的更远；在植物和动物组织中没有生物累积性，但可被污染土壤上的植物吸收，因此有少量可进入食物链中	被 RDX 污染的土壤，其污染浓度达到 580mg/kg 时，已发现可致植物死亡；RDX 对植物的危害毒性的研究表明其在水中致命浓度为 5～6mg/L，致使某些植物生长萎缩的接触浓度为 1.5mg/L
HMX	被土壤的吸收比 TNT 弱，比 RDX 更易溶于水，在含水土层中不易生物降解；在环境中很少发现其降解和分解产物	对肝脏和中枢神经系统有潜在危害，但是否会引起动物的癌症和生殖问题还不确定

① 1 英里≈1.609 千米（km）。

表 1.9　对炸药废弃物有影响的环境法规

环境法规	注释
1991 年水资源法案和 2003 年水法	造成或故意允许将有毒有害物、污染物质或任何固体废弃物进入受控水源（包括地下水）是一种违法犯罪行为
1998 年地下水法规	所列出红色清单中的材料必须阻止进入地下水中，灰色清单中的材料应减少进入量。清单上未包括含炸药化合物，但一些金属，如铅、铜、锌和镉是列入的
1990 年环境保护法	这项法规对“被污染土地”这一术语作了定义，它是指在这块土地上发生了能产生危害的物质的排放
2000 年废弃物焚烧指引	这项规定阻止将有毒物排放在大气中

至于未来，通过使用无毒反应物和溶剂制造的爆炸物可以变得更为“绿色”，能减少对环境的影响。1998 年，阿纳斯塔斯（Anastas）和瓦尔纳（Warner）首次提出“绿色化学”的概念，就是有毒有害的反应物被更为环境可接受的反应物取代，同时最大限度地减少废物产生和能源消耗，而使产品产率最大化。使炸药更“绿色”的方式之一就是通过炸药的循环利用以减少其对环境的危害。TNT 的循环利用已通过用热水浴熔融 TNT 基炸药来实现。回收的 TNT 经固化就可再次利用。但是，对含有 PBX 的新型不敏感炸药，这种方法是行不通的。因此，人们正在研发采用机械法或高压水射流方法将废弃的炸药安全地从壳体中分离出来。然后，这些回收的材料必须被处理掉或是循环再利用。表 1.10 详细列出了现在以及未来回收炸药的技术。

表 1.10　从弹体中回收炸药的典型方法

从弹体中回收炸药	炸药	技术状态
溶化出来并过滤	TNT，TNT/RDX	现行方法
低温洗脱	TNT，TNT/RDX，PBX	现行方法
高压水射流	TNT，TNT/RDX，HMX，RDX，PBX	现行方法
感应加热	TNT，TNT/RDX	现行方法
微波熔出	TNT，TNT/RDX	正研发中
氨洗脱	TNT，TNT/RDX	正研发中
超临界溶剂萃取	TNT，TNT/RDX，HMX，RDX，PBX	正在研究

第2章

爆炸性材料的分类

2.1 爆　　炸

当巨大的能量突然释放时就会发生爆炸。这一能量可能来自于蒸汽压力过高的锅炉，或者来自于涉及到爆炸性材料的化学反应产物，或者来自于不受控制的核反应。若要发生爆炸，则在爆炸点必须有能量的局部积累和突然释放。释放的能量能以冲击波、碎片抛射、热及电离辐射的形式消散。

爆炸的类型可分为 3 类：原子爆炸；物理爆炸，如超压的蒸汽锅炉；化学爆炸，如爆炸物的化学反应。

2.1.1 原子爆炸

原子或核爆炸产生的能量是化学爆炸所产生能量的百万倍甚至十亿倍。原子爆炸产生的冲击波与化学爆炸产生的冲击波相似，但是其持续时间更长，并且其正相脉冲压力更高而其负相压力更低。原子爆炸产生的大量中子流对于爆炸区域附近的任何人都是致命的，而与爆炸点有一定距离的人则会受到伽马射线的伤害。原子爆炸也会发射强烈的红外线和紫外线。

2.1.2 物理爆炸

当受到压缩的物质在经历物理状态的突变时会产生物理爆炸。在产生物理爆炸的同时，物质的潜能快速转化为动能，其温度急速上升，在周围介质中形成冲击波。

一个物理爆炸的例子是 1883 年喀拉喀托（Krakatoe）火山的爆发。在这次火山爆发过程中，大量的熔岩溢出，流进海洋，造成大约1英里①的海水蒸发。而这次快速蒸发产生的爆炸声波在3000英里外仍能听到。

2.1.3 化学爆炸

化学爆炸是发生在极短的时间间隔内的化学反应或化学状态改变的结果，伴有大量热的生成，且通常放出大量的气体。化学爆炸是含有爆炸化合物的组分产生的，这些爆炸化合物压缩在一起，但不一定需要约束。在化学爆炸中，放热转换过程非常快，形成高温气体和蒸汽。由于反应非常迅速（1/100s），气体不能瞬时膨胀，而是在几分之一秒内占据炸药装药原先在容器里占据的体积。由于这个空间极小而爆炸的温度很高（几千摄氏度），因此其最终压力非常高（数百个大气压）——高到足够产生打破容器壁和毁坏周围物体的冲击波。如果产生的冲击波足够强，对远处的物体也会产生破坏作用。

本书阐述的爆炸类型是基于爆炸物化学反应产生的爆炸。

2.2 化学爆炸物

大多数被分类为化学爆炸物的物质通常含有氧、氮和可被氧化的元素（燃料），如碳和氢。氧通常与氮连接，如在 NO、NO_2 和 NO_3 基团中。这一规律的例外是叠氮化合物，如叠氮化铅（PbN_6），或氮化合物，如三碘化氮（NI_3）和三碘化氮酰亚胺（NH_3NI_3），这些化合物都是不含氧的。

在化学爆炸反应中，氮氧分子分离，然后和燃料结合，如反应式[2.1]所示。

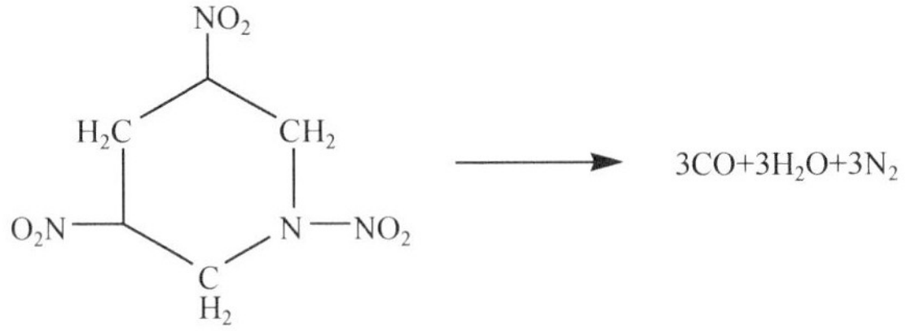

[2.1]

反应过程会释放大量的能量，通常还会伴随高温气体的产生。反应放出的热（反应热）是爆炸物分子分裂成其组成元素所需要的热与这些组成元素重新组合成 CO_2、H_2O、N_2 等产物所放出的热量之差。

化学爆炸物的分类

一直以来，许多科学家都对爆炸物进行过分类。爆炸物的分类依据有化学性质、性能和用途。根据化学性质可将爆炸物分成两类：一类是爆炸

① 1英里≈1.609(km)。

化合物；一类是爆炸混合物，如黑火药。

爆炸化合物是含有具有爆炸特性的分子基团的物质，例如下面的分子基团：

（1）硝基化合物；

（2）硝酸酯；

（3）硝胺；

（4）氯酸和高氯酸的衍生物；

（5）叠氮化物；

（6）各种可以产生爆炸的化合物，如雷酸盐、乙炔化合物、富氮化合物（如四氮烯）、过氧化物和臭氧化物等。

van't Hoff 和 Plets 分别于 1909 年和 1953 年都提出了分子爆炸性质与其结构之间关系的系统观点。Plets 认为任何物质的爆炸性质取决于特定结构基团的存在。Plets 将爆炸物分为 8 类，如表 2.1 所列。

表 2.1　根据分子基团划分的爆炸化合物分类

基团	爆炸化合物
$-O-O-$ 和 $-O-O-O-$	有机和无机类过氧化物和臭氧化物
$-OClO_2$ 和 $-OClO_3$	有机无机类氯酸盐和高氯酸盐
$-N-X_2$	X 为卤素
NO_2 和 $-ONO_2$	有机和无机物
$-N=N-$ 和 $-N=N=N-$	有机和无机类叠氮化物
$-N=C-$	雷酸盐
$-C\equiv C-$	乙炔或含金属乙炔化物
$M-C$	金属和碳键合的有机金属化合物

依据爆炸物内某些分子基团的存在对其进行分类并没有给出有关爆炸物性能的任何信息。根据爆炸物性能和用途进行分类是更好的一种分类方法。利用这种分类方法，爆炸物可分为 3 类，即：①起爆药；②猛炸药；③发射药和推进剂，如图 2.1 所示。

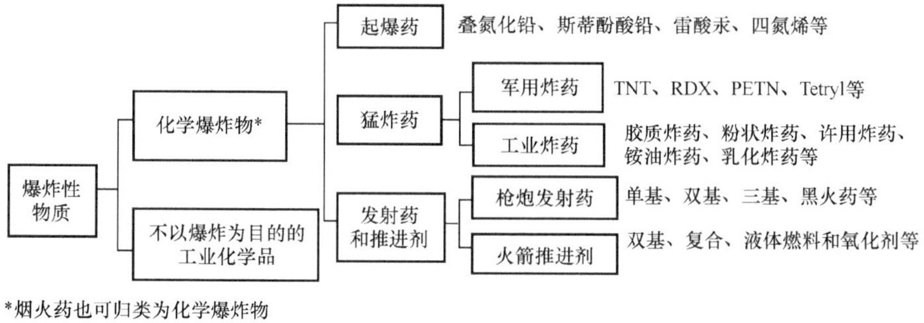

图 2.1　爆炸物的分类

2.3 起爆药

起爆药（又称起爆性高级炸药）与猛炸药不同，它们从燃烧到爆轰的转变很快，并且具有将爆轰传递给较低敏感度炸药的能力。起爆药在受热或者受到撞击时会引爆。一旦引爆，起爆药中的炸药分子分解并产生巨大的热量和（或）冲击波，并依次引发下一个更稳定的炸药。由于这些原因，起爆药可用于起爆装置。叠氮化铅起爆药的分解反应方程式如反应式［2.2］所示。

$$1/2PbN_6 \rightarrow 1/2Pb^{2+} + N_3^- \rightarrow 1/2Pb + N_2 + N \qquad [2.2]$$

该反应是吸热的，吸收213kJ的能量。按照反应式［2.2］，一个氮原子从 N_3^- 离子上分离下来，然后和另一个 N_3^- 离子反应，形成两个氮气分子，如反应式［2.3］所示。

$$1/2PbN_6 + N \rightarrow 1/2Pb^{2+} + N_3^- + N \rightarrow 1/2Pb + 2N_2 \qquad [2.3]$$

反应式［2.3］放出大量的热，产生657kJ的能量。一个 N_3^- 基团的分解可能涉及邻近2～3个 N_3^- 基团。如果这些基团同时分解，可产生22个 N_3^- 离子的分解。因此，少量的叠氮化铅分子的分解可以诱发足够大量的 N_3^- 离子爆炸，进而引起整个物质的爆炸，这也阐明了叠氮化铅快速转变成爆轰的机理。

不同的起爆药对热的敏感度差别相当大，爆轰时所产生的热量相差也很大。尽管起爆药爆轰产生的热量和冲击波会有所不同，但与猛炸药是相当的。它们的爆速范围为3500～5500m/s。

起爆药对冲击、摩擦、电火花或者高温有很高的起爆敏感度，且无论约束与否都会爆炸。应用广泛的典型起爆药有叠氮化铅、斯蒂芬酸铅（三硝基间苯二酚铅）、单硝基间苯二酚酸铅（LMNR）、二硝基苯并氧化呋咱钾（KDNBF）和斯蒂芬酸钡。现在已经不经常使用的起爆药有叠氮化汞和雷酸汞。

2.4 猛炸药

猛炸药（又称高级炸药）与起爆药不同，因为它不能轻易地被热或者冲击引爆，且通常比起爆药的威力更大。猛炸药感度比起爆药低，并且只能被起爆药爆炸所产生的冲击引爆。引爆时，猛炸药几乎瞬间分解为更为稳定的物质，如反应式［2.4］所示。

$$C_3H_6N_6O_6 \rightarrow 3CO + 3H_2O + 3N_2 \qquad [2.4]$$

RDX（$C_3H_6N_6O_6$）若受到起爆药的刺激便会发生猛烈爆炸。其分子结构在爆炸中立刻遭到破坏，即刻产生杂乱无章的大量原子。这些原子立即重组成占优势的气态产物并释放出巨大的热量。爆炸非常迅速，以至于产生的冲击波具有巨大的猛度（或者破坏效应），先于所产生气体的压力而作用于周围环境。

有些猛炸药十分稳定，甚至于用步枪子弹射穿或者放在火上也不会爆炸。稳定性更高的炸药在高爆速下爆轰时所产生的作用力比引爆它们的爆炸性材料更加巨大。它们的爆速范围是5500～9000m/s。

猛炸药的代表性物质有TNT、特屈儿、苦味酸、硝化纤维素、硝化甘油、硝基胍、RDX、HMX和TATB。工业炸药的代表物质有爆胶、硅藻土代那买特和60%的胶质代那买特。

2.5 发射药及推进剂

发射药及推进剂（火药）是自身就含有其燃烧所需要的全部氧的可燃性材料。火药只燃烧而不发生爆炸；燃烧通常进行得十分猛烈，并且会伴随着火焰或者火花和嘶嘶声或者爆裂声，但没有炸药爆炸时那样猛烈刺耳的巨响。火药可以被火焰或者火花点燃，但从固态变为气态相当缓慢，需数毫秒。火药的代表物有黑火药、无烟火药、不含硝化甘油和其他芳香硝基化合物的爆破火药和硝酸铵火药。

2.6 爆炸性材料的化学数据

2.6.1 起爆药

1. 雷酸汞

雷酸汞（$C_2N_2O_2Hg$）[2－1] 可以通过采用乙醇处理硝酸溶液中的硝酸汞获得。

$$(C \equiv NO)_2Hg$$

[2－1]

该反应及其产物已被很多化学家研究过，其中包括Liebig，他在1823年给出了雷酸盐的元素化学组成。Wieland 和 Solonina 分别在1909年和1910年报道过生成雷酸汞的反应机理。

雷酸汞最重要的爆炸性质是在激发后容易爆轰。爆轰时分解为稳定产物，如反应式［2.5］所示。

$$(CNO)_2Hg \longrightarrow 2CO + N_2 + Hg \qquad [2.5]$$

雷酸汞对撞击和摩擦敏感，容易被火花和火焰引爆。加水可以降低其感度，但是对阳光十分敏感，会分解并放出气体。雷酸汞的一些性质如表2.2所列。

表2.2　雷酸汞的性质

性质	雷酸汞
颜色	灰色、淡棕色或白色晶体
相对分子质量	284.624
熔点/℃	160
分解温度/℃	90
热点火温度/℃	170
20℃时的密度/(g/cm^3)	4.42
生成焓/(kJ/mol)	+267.99
生成能/(kJ/mol)	+272.92

2. 叠氮化铅

叠氮化铅（PbN_6）［2－2］是Curtius于1891年首次合成的。

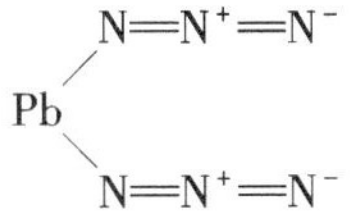

［2－2］

Curtius在叠氮化钠或叠氮化铵的溶液里加入醋酸铅生成了叠氮化铅。1893年，普鲁士政府开展了一项将叠氮化铅用于雷管起爆药的研究。当时，由于引起了一起死亡事故，便停止了这一研究领域的所有工作。直到1907年，Wöhler提出叠氮化铅可以取代雷管里的雷酸汞，对叠氮化铅的研究才有了进一步的发展。因为纯的结晶态叠氮化铅具有很高的危险性，所以直到1920年才开始生产它并用于军事和工业起爆药。

叠氮化铅在干燥环境下具有很长的储存寿命，但在潮湿、有氧化剂和氨存在的环境中则不稳定。它的撞击感度比雷酸汞低，但具有更高的摩擦感度。叠氮化铅因其对其他猛炸药的高起爆能力而广泛应用于雷管中。在这个作用上，若从重量角度来看，叠氮化铅比雷酸汞更好。然而，由于其受到撞击时不是特别容易起爆，因此在起爆具中不能单独使用，而是和斯蒂芬酸铅和铝（ASA 混合物）一起与四氮烯形成混合物，再在其表面覆盖更敏感成分的复合方式应用于军用雷管中。

叠氮化铅有两种同素异形体，斜方晶系的 α 晶型比单斜晶系 β 晶型更稳定。α 晶型通过将醋酸铅或者硝酸铅的溶液加入叠氮化钠溶液中并快速搅拌而制得，而 β 晶型则通过叠氮化钠在硝酸铅溶液中的缓慢扩散制得。将 β 晶型的叠氮化铅加入到含有 α 晶型叠氮化铅或者铅盐的溶液中，则其具有向 α 晶型转变的趋势。若将 β 晶型的叠氮化铅保持在 160℃ 的温度，它也会转变为 α 晶型。叠氮化铅的一些性质如表 2.3 所列。

表 2.3　叠氮化铅的性质

特征	叠氮化铅
颜色	无色到白色晶体
相对分子质量	291.24
分解温度/℃	190
沸点/℃	350
热点火温度/℃	327 ~ 360
20℃时的密度/(g/cm^3)	
α－型斜方晶型	4.17
β－型单斜晶型	4.93
生成焓/(kJ/mol)	+468.61
生成能/(kJ/mol)	+476.06

3. 斯蒂芬酸铅

斯蒂芬酸铅［2－3］，又称 2，4，6－三硝基间苯二酚铅（$C_6H_3N_3O_8Pb$），通常由硝酸铅溶液加入到斯蒂芬酸镁中制得。斯蒂芬酸铅几乎不溶于水和绝大部分有机溶剂。其在室温和高温（例如 75℃）的环境中非常稳定，并且不易吸湿。斯蒂芬酸铅具有优异的抗核辐射的性能，易被火焰或者电火花引爆。对静电放电很敏感，在其生产过程中发生过很多事故。为了降低其静电敏感性①，人们通过添加石墨进行多次尝试，但目前为止均不成功。因此，斯蒂芬酸铅在处置过程中依然十分危险。

① 本书中的术语“敏感性”用来描述爆炸物对意外激发（如摩擦、撞击等）的响应，而当爆炸物被非意外的方法（如来自起爆药的冲击波）引爆时则用“感度”描述。

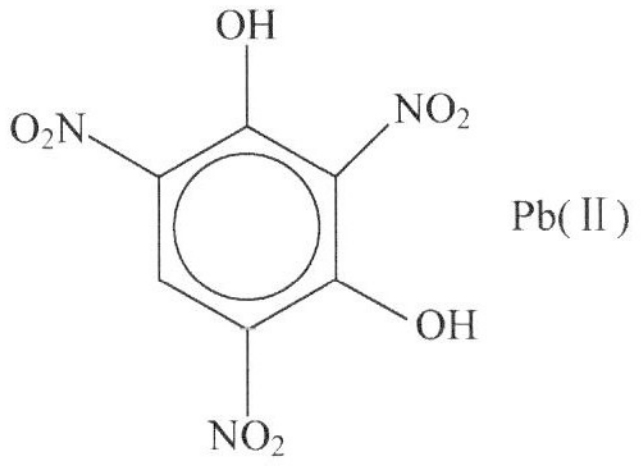

[2-3]

由于斯蒂芬酸铅的金属含量很高（44.5%），其起爆能力较弱，因此不能作为雷管装药，可以用于火帽，还可用于雷管中的 ASA 混合物（叠氮化铅、斯蒂芬酸铅和铝）。它的一些性质如表 2.4 所列。

表 2.4　斯蒂芬酸铅的性质（2，4，6－三硝基间苯二酚铅）

特征	斯蒂芬酸铅
颜色	橘黄色到暗棕色晶体
相对分子质量	468.305
熔点/℃	260～310
分解温度/℃	235
热点火温度/℃	330
20℃时的密度/(g/cm^3)	3.02
生成焓/(kJ/mol)	－836.80
生成能/(kJ/mol)	－818.22

4. 叠氮化银

叠氮化银（AgN_3）[2-4] 与叠氮化铅的制造方法一样，是通过叠氮化钠在硝酸银的水溶液中反应制得的。

$$AgN{=\!=}N^{+}{=\!=}N^{-}$$

[2-4]

叠氮化银具有轻微的吸湿性，是一种非常强的起爆剂，起爆能力几乎和叠氮化铅一样。叠氮化银在紫外光照射下会分解。如果辐射强度足够高，叠氮化银晶体在光分解下可能爆炸。其点火温度和对撞击的敏感性都比叠氮化铅低。它的一些性质如表 2.5 所列。

表 2.5　叠氮化银的性质

特征	叠氮化银
颜色	细小的白色晶体
相对分子质量	149.888

（续）

特征	叠氮化银
熔点/℃	252
沸点/℃	297
20℃时的密度/(g/cm^3)	5.1
生成焓/(kJ/mol)	+308.78
生成能/(kJ/mol)	+312.50

5. 四氮烯

四氮烯或四唑基脒基四氮烯水合物（$C_2H_6N_{10}\cdot H_2O$）[2－5]，最早是由 Hoffmann 和 Roth 于 1910 年通过亚硝酸钠的中性溶液和氨基胍盐反应制得的。1921 年，Rathsburg 提出将四氮烯用于混合炸药。

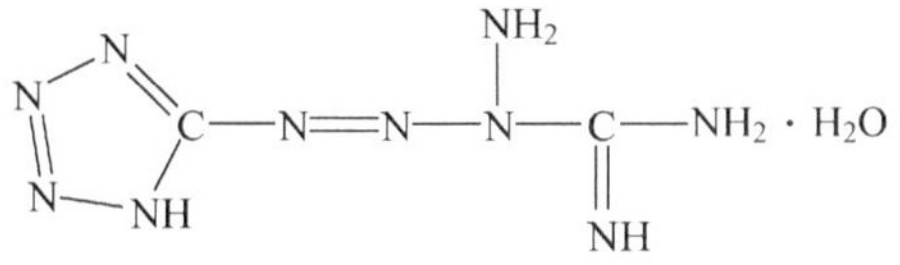

[2－5]

四氮烯具有轻微的吸湿性，在室温下很稳定，在沸水中水解生成氮气。其点火温度比雷酸汞低，撞击感度略高于雷酸汞。

四氮烯的爆轰性质取决于其密度，即其密实性。四氮烯在非密实时会爆轰，而在密实时则爆轰变弱。这些密实性质让其燃烧转爆轰变得困难。因此，四氮烯不适合用来装填雷管。四氮烯用于火帽时，通常在火帽中将少量四氮烯加入到混合炸药中以提高其对撞击和摩擦的感度。四氮烯的部分性质如表 2.6 所列。

表 2.6　四氮烯的性质

特征	四氮烯炸药
颜色	浅色或浅黄色晶体
相对分子质量	188.152
熔点/℃	140～160
分解温度/℃	100
热点火温度/℃	140
20℃时的密度/(g/cm^3)	1.7
生成焓/(kJ/mol)	+189.12
生成能/(kJ/mol)	+212.59

2.6.2 猛炸药

1. 硝化甘油

硝化甘油（$C_3H_5N_3O_9$）［2－6］是由意大利的 Ascanio Sobrero 于 1846 年通过在硫酸和硝酸的混合液中加入甘油而首次制得的。1863 年，Nobel 家族建立了制造硝化甘油的试验工厂。1882 年，Boutmy－Faucher 法制备硝化甘油的工艺在法国问世，英国也采用了该工艺。

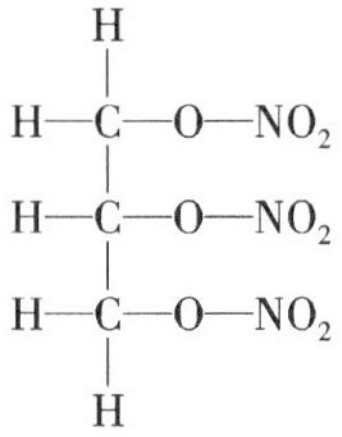

［2－6］

硝化甘油是一种威力巨大的猛炸药，具有很高的猛度（shattering effect）。它是工业凝胶炸药最重要也是经常用到的组分之一。硝化甘油在发射药或推进剂中提供了高能量的来源，它与硝化纤维素、安定剂组合在一起，是发射药和固体火箭推进剂的主要组分。

硝化甘油有毒，在操作过程中会引起头痛，爆炸后产生有毒物质。它不溶于水，但易溶于绝大部分有机溶剂和大部分芳香硝基化合物，和硝化纤维素形成凝胶。其无酸产品很稳定，但对撞击非常敏感。硝化甘油的部分性质如表 2.7 所列。

表 2.7　硝化甘油的性质

特征	硝化甘油炸药
颜色	黄色油状
相对分子质量	227.087
熔点/℃	10.2～13.8
热点火温度/℃	200
沸点/℃	218
闪点/℃	145.7①
20℃时的密度/(g/cm^3)	1.593
20℃时和 760 托②下的摩尔体积/(cm^3/mol)	135.8①
生成焓/(kJ/mol)	－370.70
生成能/(kJ/mol)	－349.66

① 使用化学新技术开发公司（ACD/Labs）软件 V11.02 的计算值（© 1994－2010 ACD/Labs）；
② 1 托（Torr）＝133.322 帕（Pa）

2. 硝化纤维素

硝化纤维素［2－7］是由 Basel 的 C. F. Schönbeim 和 Frankfurt－am－Main 的 R. Böttger 在 1845—1847 年间发现的。1865 年，Abel 提高了硝化纤维素的稳定性，而其爆轰性质则由 Abel 的助手 Brown 研究。

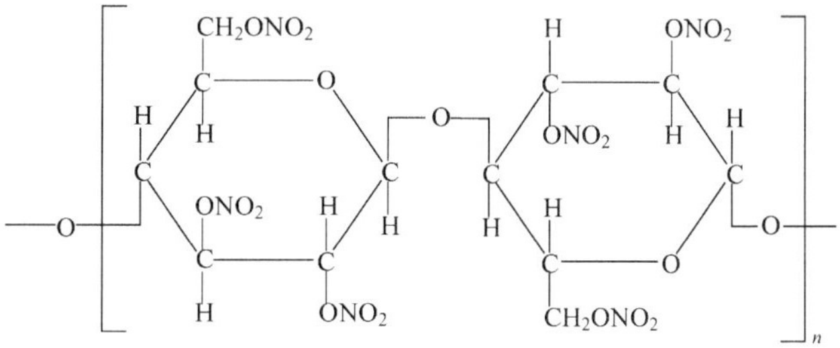

［2－7］

硝化纤维素不是指单一类型的分子化合物，而是一类化合物的通称。通常按其重量百分比表达的氮含量定义其成分。硝化纤维素中硝酸酯基团的数目可由方程式（2.1）计算，其中 N 是通过化学分析计算得出的氮含量百分比。

$$y=\frac{162N}{1400-45N} \tag{2.1}$$

如果纤维素单体结构［2－8］写作 $C_6H_7O_2(OH)_3$，则硝化纤维素可以写作 $C_6H_7O_2(OH)_x(ONO_2)_y$，其中 $x+y=3$。

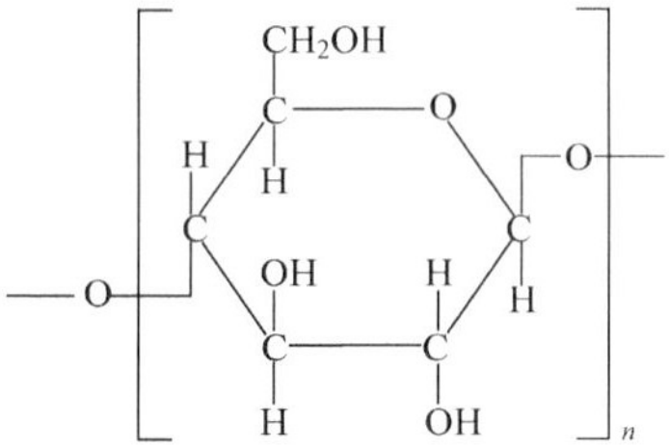

［2－8］

如果一个硝化纤维素产物的单体中平均含有 2 个硝酸酯基，即［$C_6H_7O_2(OH)_1(ONO_2)_2$］，则其氮含量为 11.1%，如方程（2.2）所示。

$$2=\frac{162N}{1400-45N}$$

$$2(1400-45N)=162N$$

$$2800-90N=162N$$

$$11.1=N \tag{2.2}$$

如果一个硝化纤维素产物的单体中含有 3 个硝酸酯基，即 [$C_6H_7O_2(ONO_2)_3$]，则其含有 14.14% 的氮。实际上，在爆炸物中应用的硝化纤维素的氮含量为 10% ~13.5%。

由棉花制得的硝化纤维素材料是白色蓬松的固体，在 180℃ 左右下不熔化而会着火。硝化纤维素对撞击或者静电放电敏感，加水可降低其感度。随着氮含量的增加，其热稳定性也下降。硝化纤维素的化学稳定性取决于制造过程中痕量酸的去除。纤维素不溶于有机溶剂，而硝化纤维素可溶解于有机溶剂形成凝胶。由于硝化纤维素的聚合物特性，形成的凝胶具有很好的物理性质，是火炮发射药、双基火箭推进剂、凝胶和半凝胶工业爆破炸药的基本要素。硝化纤维素的部分性质如表 2.8 所列。

表 2.8　硝化纤维素的性质

特征	硝化纤维素炸药
颜色	白色
相对分子质量	297.106（14.14% N）
熔点/℃	150 ~ 169
热点火温度/℃	< 100
沸点/℃	190
25℃时的密度/(g/cm^3)	1.66（挤压下最大值）
生成焓/(kJ/mol)	−652.66（14.14% N）
生成能/(kJ/mol)	−626.64（14.14% N）

3. 苦味酸

1742 年，Glauber 将硝酸与羊毛或羊角反应，制得了苦味酸铅或苦味酸钾形态的苦味酸。1771 年，Woulfe 用硝酸处理靛蓝染料制备了苦味酸；1778 年，Haussmann 分离出苦味酸，确定其为 2，4，6 – 三硝基苯酚（$C_6H_3N_3O_7$）[2 –9]。

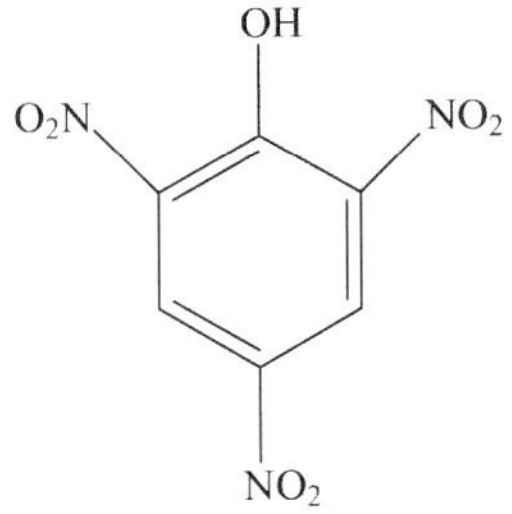

[2 –9]

其他早期的试验通过硝化各种有机物如丝绸、天然树脂等获得苦味酸。苦味酸正确的经验式是 1841 年由 Laurent 确定的，他通过苯酚与硝酸反应制得苦味酸，并且分离出了其反应中间产物二硝基苯酚。

苦味酸是强酸，毒性非常大，溶于热水、酒精、乙醚、苯和丙酮，是一种用于丝绸和羊毛的耐久的黄色染料。它能腐蚀除了铝和锡之外的普通金属，生成极易爆炸的盐。苦味酸的爆炸威力，无论是爆轰强度还是爆轰速度都略大于 TNT。

苦味酸可用于手榴弹和地雷的装药，它有与弹壳金属内壁形成对撞击敏感的金属盐（苦味酸盐）的趋势。因为需要较高的温度熔化苦味酸，地雷和手榴弹的装填是一个危险的工序。苦味酸的部分性质见表 2.9。

表 2.9　苦味酸（2，4，6 - 三硝基苯酚）的性质

特征	苦味酸炸药
颜色	黄色晶体
相对分子质量	229.106
熔点/℃	121.8 ~ 122.4
热点火温度/℃	300
沸点/℃	160 ~ 198
闪点/℃	133.9①
19℃时的密度/(g/cm^3)	1.767
20℃时和 760 托下的摩尔体积/(cm^3/mol)	123.3①
生成焓/(kJ/mol)	-214.35
生成能/(kJ/mol)	-198.24

① 使用化学新技术开发公司（ACD/Labs）软件 V11.02 的计算值（© 1994 - 2010 ACD/Labs）

4. 特屈儿

特屈儿［2 - 10］，又称 2，4，6 - 三硝基苯甲硝胺（$C_7H_5N_5O_8$），于 1877 年由 Mertens 首次制得，1883 年，Romburgh 确定了其结构。

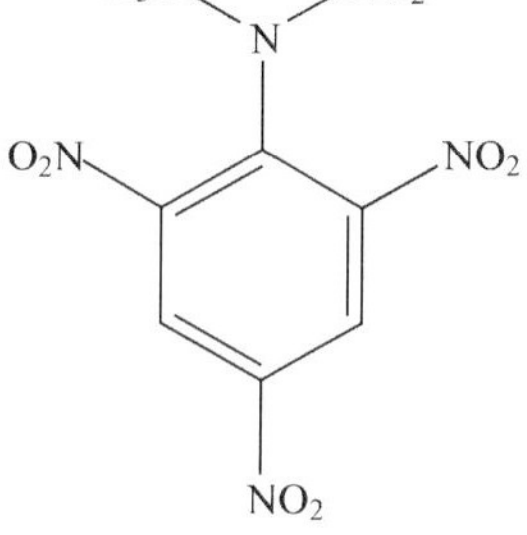

［2 - 10］

特屈儿从1906年开始就被用作炸药。20世纪早期，它常被用作起爆火帽的基本装药，但现在已被PETN或RDX代替。第二次世界大战期间，它被用作混合炸药的组分之一。

特屈儿是淡黄色的晶体，熔点是129℃。它对摩擦和撞击的感度均为中等，使用时把它压成片状底火，用于引爆感度较低的炸药。它比苦味酸略微敏感，而比TNT敏感得多。处置特屈儿时的毒性较大，它现在已被RDX和蜡的混合物（称为Debrix）取代。特屈儿的部分性质如表2.10所列。

表2.10 特屈儿（2，4，6－三硝基苯甲硝胺）的性质

特征	特屈儿炸药
颜色	淡黄色晶体
相对分子质量	287.145
熔点/℃	129.5
分解温度/℃	162
热点火温度/℃	187
闪点/℃	258.4①
20℃时的密度/(g/cm^3)	1.731
20℃时和760托②下的摩尔体积/(cm^3/mol)	159.2①
生成焓/(kJ/mol)	+33.89
生成能/(kJ/mol)	+56.19

① 使用化学新技术开发公司（ACD/Labs）软件V11.02的计算值（© 1994－2010 ACD/Labs）；
② 1托=133.322帕

5. TNT

三硝基甲苯（$C_7H_5N_3O_6$）存在6种不同的同分异构体。用于炸药工业中的是其对称的同分异构体2，4，6－三硝基甲苯［2－11］。为了方便，本书中将2，4，6－三硝基甲苯称为TNT。

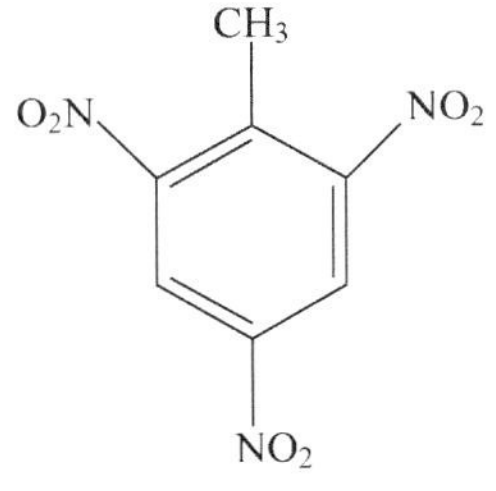

［2－11］

1863 年，Wilbrand 首次合成了 TNT，其同分异构体是由 Beilstein 和 Kuhlberg 于 1870 年发现的。1880 年，Hepp 制得了纯的 TNT（2，4，6－三硝基甲苯同分异构体）；1883 年，Claus 和 Becker 确定了其分子结构。TNT 的发展贯穿了 19 世纪和 20 世纪，其发展历程如表 2.11 所列。

表 2.11　TNT（2，4，6－三硝基甲苯）在 19 世纪和 20 世纪的发展历程

时间	进　展
1837	Pelletier 和 Walter 首次制得了甲苯
1841	首次制备了单硝基甲苯
1863	Wilbrand 制备出了粗制 TNT
1870	Beilstein 和 Kuhlberg 发现了 2，4，5－三硝基甲苯同分异构体
1880	Heep 制备出纯的 TNT（2，4，6－三硝基甲苯）
1882	制备出 2，3，4－三硝基甲苯同分异构体
1883	Glaus 和 Becker 确定了 2，4，6－三硝基甲苯的结构
1891	德国开始生产 TNT
1899	添加铝粉的 TNT 开始用作炸药
1900	改进 TNT 原材料的生产，降低成本
1902	德军用 TNT 取代苦味酸
1912	美军开始使用 TNT
1913	用于合成氨的 Haber－Bosch 工艺的商业化降低了原材料硝酸的价格
1914	Will 确定了异构体 2，3，4－和 2，4，5－三硝基甲苯的结构
1914—1918	TNT 成为第一次世界大战所用的标准炸药，其生产受到煤焦油中得到甲苯量的限制。为缓解短缺，出现了 TNT 和硝酸铵混合而成的阿马托炸药，TNT 和铝混合而成的特里托纳尔炸药
1903—1940	TNT 和 RDX 混合而成旋风炸药
1939—1945	第二次世界大战期间，改进了生产石脑油的工艺过程，确保了可得到无限量的甲苯；TNT 的纯化技术提高；制备出 TNT－PETN，TNT－RDX，TNT－特屈儿，TNT－苦味酸铵以及含铝 TNT 等混合炸药
1952	制备出 TNT 和 HMX 混合而成的奥克托儿
1966	Shipp 由 TNT 制备出 HNS
1968	美国连续化生产 TNT
1978	Adkins 和 Norris 由 TNT 制备出 TATB

TNT 几乎不溶于水，微溶于酒精，溶于苯、甲苯和丙酮。TNT 受到光照变暗，在碱金属和胺类中不稳定。TNT 的部分性质如表 2.12 所列。

表 2.12　TNT（2，4，6－三硝基甲苯）的性质

特征	TNT 炸药
颜色	浅黄色晶体
相对分子质量	227.133
熔点/℃	80.7
热点火温度/℃	300
沸点/℃	345～373
闪点/℃	167.1①
20℃时的密度/(g/cm^3)	1.654
20℃时和 760 托下的摩尔体积/(cm^3/mol)	141.2①
生成焓/(kJ/mol)	－62.07
生成能/(kJ/mol)	－45.44
① 使用化学新技术开发公司（ACD/Labs）软件 V11.02 的计算值（© 1994－2010 ACD/Labs）	

TNT 有许多优势，这使得其在第一次世界大战前被广泛用于军用炸药，并且一直用到现在。这些优势包括低制造成本、原材料便宜、操作安全、撞击感度和摩擦感度低和相当高的爆炸威力。TNT 也具有良好的化学和热稳定性、低的挥发性和吸湿性、与其他炸药良好的相容性、低的熔铸熔点以及较弱的毒性。

TNT 是目前爆炸装药中最重要的炸药，已广泛用于工业炸药中，并且在生产和运输过程中都比硝化甘油和苦味酸更安全。纯度等级较低的 TNT 可用于工业炸药，而军用炸药中所用的 TNT 的纯度非常高。TNT 既可以通过铸装也可以通过压装的方式装填于弹壳中。TNT 既可单独使用，也可与其他组分如硝酸铵组成阿马托炸药，和铝粉组成特里托纳尔炸药，和 RDX 组成旋风炸药和 B 炸药。

TNT 的一个主要缺点是二硝基甲苯和三硝基甲苯同分异构体的渗析。即便其含量为微量时也会形成渗析。这一现象经常发生在含 TNT 弹丸的储存过程中，特别是在夏天时。渗析引起的主要缺陷是形成装药的裂缝和空穴，从而导致早爆，并且降低其密度。这些同分异构体沿着引信中的螺纹迁移，会形成火焰通道。这些火焰通道可引起装药的意外点火事故。如果迁移物质渗入了起爆引信，可引起弹药元件的故障。

6. 硝基胍

硝基胍［2－12］，英文又称（picrite）（$CH_4N_4O_2$）由 Jousselin 于 1877 年首次制备。Jousselin 将干燥的硝酸胍溶解于发烟硝酸中，并将一氧

化二氮导入此溶液中制得。将溶液倒入水中，可以得到沉淀物，Jousselin将之称为亚硝基胍，但后来 Thiele 将其确定为硝基胍。

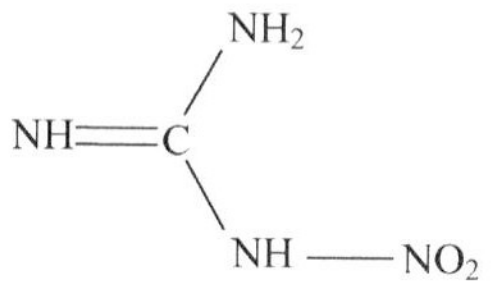

[2-12]

硝基胍在其熔点以下相对稳定，但在达到熔点后立刻分解为氨、水蒸气和固体产物。硝基胍分解形成的气体远比其他类似炸药分解形成的产物腐蚀性要小。硝基胍溶于热水和碱，不溶于乙醚和冷水，具有高爆速、低爆热和低爆温以及高密度等特点。硝基胍的部分性质如表 2.13 所列。

表 2.13　硝基胍的性质

特征	硝基胍炸药
颜色	白色纤维状晶体
相对分子质量	104.068
熔点/℃	
α-型	232
β-型	232
分解温度/℃	232
760 托下的沸点/℃	219.3①
闪点/℃	86.5①
20℃时的密度/(g/cm^3)	1.77
20℃时和 760 托下的摩尔体积/(cm^3/mol)	51.8①
生成焓/(kJ/mol)	-92.05
生成能/(kJ/mol)	-79.66
① 使用化学新技术开发公司（ACD/Labs）软件 V11.02 的计算值（© 1994-2010 ACD/Labs）	

硝基胍既可用作猛炸药，也因其爆热和爆温低，适合用于无焰发射药。这些无焰发射药是含有硝基胍、硝化纤维素、硝化甘油和硝化二乙二醇的混合物，它们一起形成胶质的凝胶。虽然硝基胍不溶解于凝胶中，但可以很好地分散嵌入其中。与传统发射药相比，这类胶质发射药具有有效降低炮管烧蚀的优点。

7. PETN

PETN [2-13]，也称为季戊四醇四硝酸酯（$C_5H_8N_4O_{12}$），是最稳定、

反应性最小的硝酸酯炸药。它不溶于水，微溶于乙醇、乙醚及苯，溶于丙酮、乙酸甲酯。在100℃时储存较长时间也没有分解的迹象。对摩擦相对不敏感，但容易被起爆药起爆。

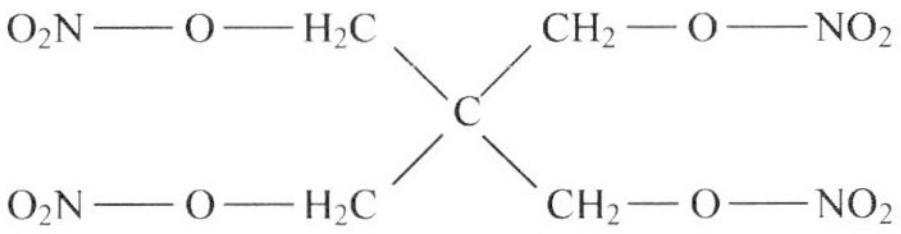

[2－13]

PETN是威力强大的猛炸药，具有很高的猛度。它常用于工业用的起爆火帽、导爆索以及传爆药柱。由于对摩擦和撞击极其敏感，它一般不单独使用，而是和增塑后的硝化纤维素混合，或者和合成橡胶混合形成高分子粘结炸药（PBX）。含有PETN的最普通的混合炸药称为彭托利特（Pentolite）炸药，是由20%～50%的PETN和TNT混合而成。PETN也能成型为橡胶状的薄片，用于金属成形、金属镀层以及金属淬火过程。PETN也能加入凝胶工业炸药中。

在军事应用上，由于RDX具有比PETN更稳定以及更长的储存寿命，PETN很大部分被RDX取代。PETN的部分性质如表2.14所列。

表2.14　PETN（季戊四醇四硝酸酯）的性质

特征	PETN炸药
颜色	无色晶体
相对分子质量	316.138
熔点/℃	142.9
热点火温度/℃	202
沸点/℃	180
闪点/℃	198.8①
20℃时的密度/(g/cm³)	1.778
20℃时和760托下的摩尔体积/(cm³/mol)	187.6①
生成焓/(kJ/mol)	－530.53
生成能/(kJ/mol)	－500.82

① 使用化学新技术开发公司（ACD/Labs）软件V11.02的计算值（© 1994－2010 ACD/Labs）

8. RDX

RDX[2－14]，也称为黑索今（Hexogen，Cyclonite）或环三亚甲基三硝胺（$C_3H_6N_6O_6$），于1899年首次由亨宁制得并用于药物，1920年被赫兹用作炸药。RDX的性质以及制备在第二次世界大战期间得到了充分的发展。

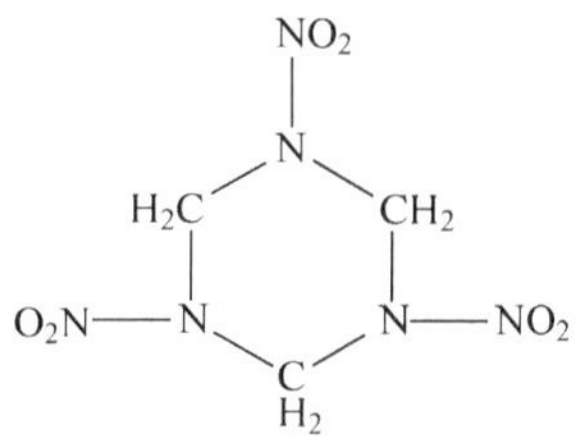

[2 - 14]

RDX 是白色结晶固体，熔点 204℃。与 PETN 相比，RDX 具有更好的化学和热稳定性，并且感度相对较低，在第二次世界大战期间发挥了重要的军事作用。纯 RDX 在撞击及摩擦下极易引爆，可通过在其表面包覆蜡、油类或者润滑脂进行钝感。它也可加入矿脂以及类似材料混成塑胶炸药。将 RDX 晶体嵌入到高分子基体中，可得到含有 RDX 的不敏感混合炸药。这种组成也称高分子粘结炸药，并且不容易被意外引爆。

RDX 比 TNT 和苦味酸的化学稳定性更高，威力更大。RDX 很难溶于有机溶剂，但是能从丙酮中重结晶。由于其熔点高，很难用于铸装。然而，当 RDX 与低熔点的 TNT 混合时可以得到用于浇铸的混合物。RDX 的部分性质如表 2. 15 所列。

表 2. 15　RDX（环三亚甲基三硝胺）的性质

特征	RDX 炸药
颜色	白色晶体
相对分子质量	222. 117
熔点/℃	
A 型 RDX	202 ~ 204
B 型 RDX	192 ~ 193
热分解温度/℃	213
热点火温度/℃	210
闪点/℃	405. 6①
20℃时的密度/(g/cm^3)	1. 816
20℃时和 760 托下摩尔体积/(cm^3/mol)	117. 0①
生成焓/(kJ/mol)	+70. 29
生成能/(kJ/mol)	+92. 59

① 使用化学新技术开发公司（ACD/Labs）软件 V11. 02 的计算值（© 1994 - 2010 ACD/Labs）

9. HMX

HMX [2-15]，也称为奥克托今或环四亚甲基四硝胺（$C_4H_8N_8O_8$），是一种白色晶体，呈现4种晶型，每种晶型的密度及撞击感度各不相同。其中，β型对撞击的敏感度最低，可用于猛炸药。

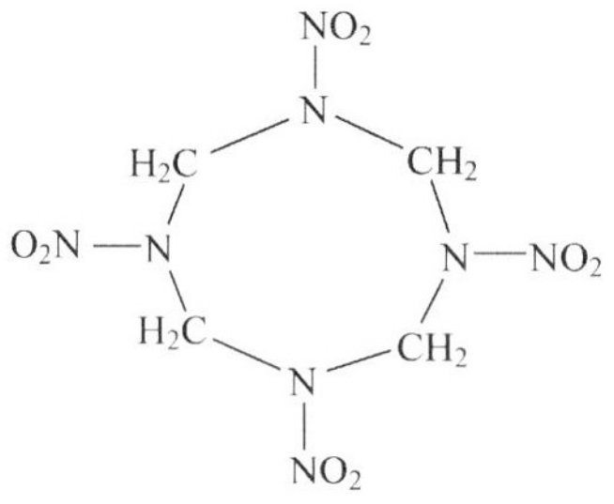

[2-15]

HMX不吸湿，不溶于水。它的化学反应活性以及在有机溶剂的溶解度与RDX相似。然而，与RDX相比，HMX不易与氢氧化钠反应，并且在55%的硝酸以及2-硝基丙烷中的溶解度也更高。在某些情况下，需要将HMX与RDX分离，则可用上述的方法将其分开。与RDX相比，HMX的优点是点火温度更高，热稳定更好，然而，HMX的威力稍微不及RDX。HMX的一些性质如表2.16所列。

表2.16　HMX（环四亚甲基四硝胺）的性质

特征	HMX炸药
颜色	白色晶体
相对分子质量	296.156
熔点/℃	275~280
分解温度/℃	280
热点火温度/℃	335
闪点/℃	501.8①
20℃时和760托下的密度/(g/cm^3)	
α-型	1.87
β-型	1.96
γ-型	1.82
δ-型	1.78
20℃时和760托下的摩尔体积/(cm^3/mol)	151.7①
生成焓/(kJ/mol)	+75.02
生成能/(kJ/mol)	+104.73

① 使用化学新技术开发公司（ACD/Labs）软件V11.02的计算值（© 1994-2010 ACD/Labs）

10. TATB

TATB［2－16］，又称 1，3，5－三氨基－2，4，6－三硝基苯（$C_6H_6N_6O_6$），于 1888 年由 Jackson 和 Wing 首次制得。

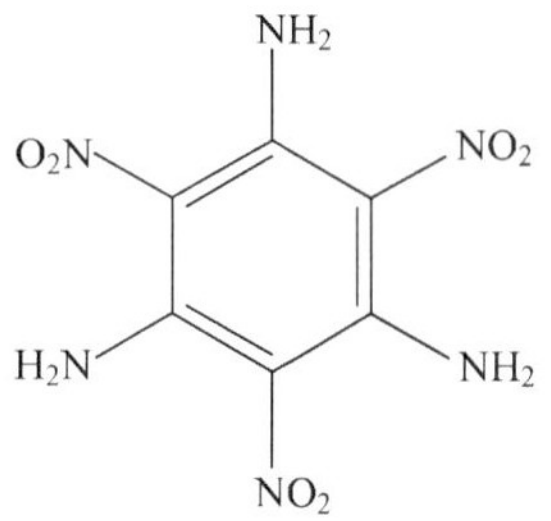

［2－16］

TATB 是一种黄褐色物质，在稍低于熔点温度下迅速分解。在 260～290℃范围内，其热稳定性十分出色，因此也称为耐热炸药。TATB 的部分性质如表 2.17 所列。

表 2.17　TATB（1，3，5－三氨基－2，4，6－三硝基苯）的性质

特征	TATB 炸药
颜色	黄褐色晶体
相对分子质量	258.15
熔点/℃	448.5
分解温度/℃	>350
热点火温度/℃	384
闪点/℃	358.7①
20℃时的密度/(g/cm^3)	1.937
20℃时和 760 托下的摩尔体积/(cm^3/mol)	131.7①
生成焓/(kJ/mol)	－154.18
生成能/(kJ/mol)	－132.51

① 使用化学新技术开发公司（ACD/Labs）软件 V11.02 的计算值（© 1994－2010 ACD/Labs）

TATB 的结构具有许多与众不同的特性，其晶胞是由在平面薄片上排列的分子组成。这些平面薄片通过强大的分子内以及分子间氢键紧紧联在一起，使得其像石墨状晶格结构，具有润滑性和弹性，如图 2.2所示。

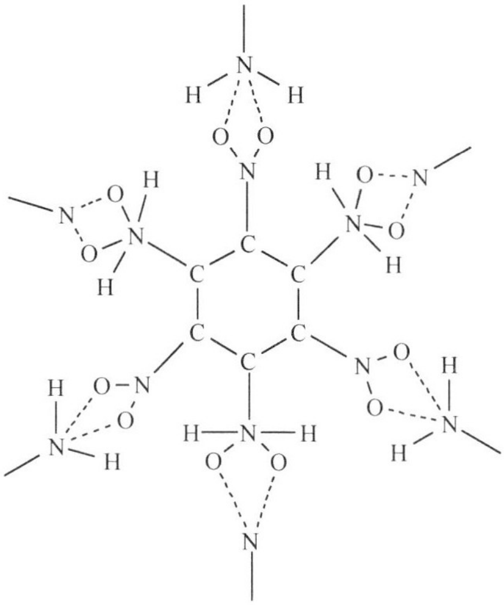

图 2.2　TATB 的分子结构

11. HNS

HNS（六硝基芪，$C_{14}H_6N_6O_{12}$）[2-17] 也称为耐热炸药，它也抗辐射。实际上，它几乎对电火花不敏感，且撞击感度低于特屈儿。HNS 的部分性质如表 2.18 所列。

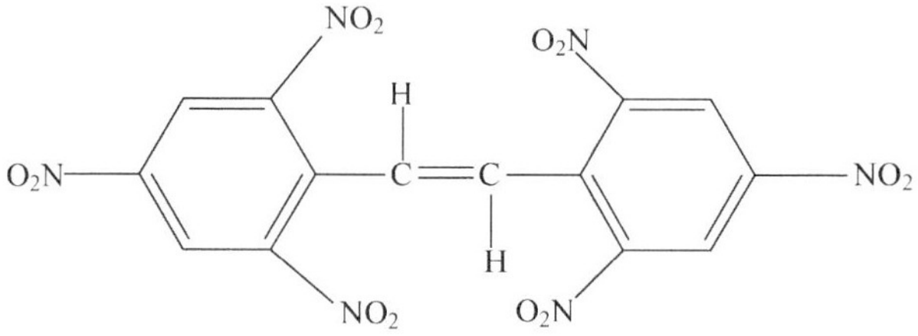

[2-17]

表 2.18　HNS（六硝基芪）的性质

特征	HNS 炸药
颜色	黄色晶体
相对分子质量	450.235
熔点/℃	318
分解温度/℃	318
热点火温度/℃	325
闪点/℃	275.4①
20℃时的密度/(g/cm^3)	1.745

（续）

特征	HNS 炸药
20℃时和 760 托下的摩尔体积/(cm^3/mol)	243.6[①]
生成焓/(kJ/mol)	+78.24
生成能/(kJ/mol)	+107.95
① 使用化学新技术开发公司（ACD/Labs）软件 V11.02 的计算值（© 1994－2010 ACD/Labs）	

HNS 通常用作耐热传爆药，已用于太空火箭的级分离和月球的地震实验。

12. NTO

NTO［5－硝基－1，2，4－三唑－3－酮（$C_2H_2N_4O_3$）］［2－18］是一种新型含能材料，有许多吸引人的特点和优异性能。它的反应热高，与 RDX 相比，其感度更低，稳定性更好。

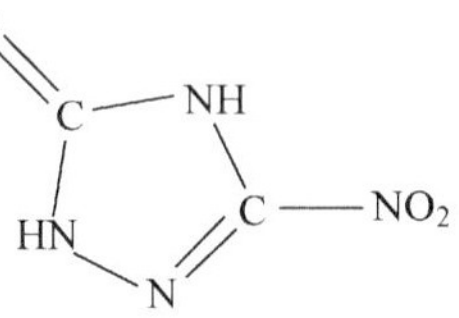

［2－18］

NTO 正在许多领域得到发展及应用，包括：①代替高氯酸铵或硝酸铵用于固体火箭推进剂，因为与高氯酸铵和硝酸铵相比，NTO 不会释放如 HCl 等不良产物，且燃烧速率更高；②用作复合推进剂的燃速改良剂；③代替复合固推进剂中的 RDX 和 HMX；④提高火炮发射药的性能。NTO 的一些性能如表 2.19 所列。

表 2.19　NTO（5－硝基－1，2，4－三唑－3－酮）的性质

特征	NTO 炸药
颜色	白色
相对分子质量	130.06
熔点/℃	270～271
分解温度/℃	273
热点火温度/℃	258～280
20℃时的密度/(g/cm^3)	1.92
20℃时和 760 托下的摩尔体积/(cm^3/mol)	52.7
生成焓/(kJ/mol)	－100.8

13. TNAZ

TNAZ [2－19] 也称作 1,3,3－三硝基氮杂环丁烷（$C_3H_4N_4O_6$），1983 年由 Fluorochem 公司首次制得。据报道，TNAZ 的热稳定性比 RDX 高，但反应活性比 HMX 高。纯 TNAZ 对冲击的敏感度高于以 HMX 为基的炸药，但是低于以 PETN 为基的炸药。TNAZ 可作为浇铸炸药使用，同时也可作为固体火箭推进剂以及火炮发射药的一种组分。

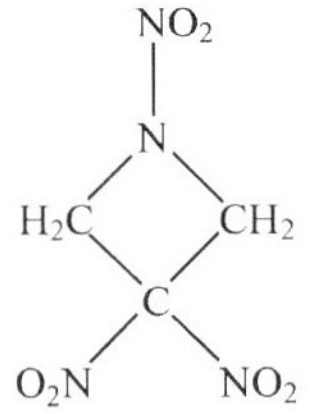

[2－19]

TNAZ 是白色晶体，溶于丙酮、甲醇、酒精、四氯化碳以及环己烷。它的蒸气压相对较高。熔融态的 TNAZ 凝固时会伴随着较大的体积收缩，导致产生 10%～12% 孔隙率的缩孔。TNAZ 存在两种晶型结构，高密度晶型结构比低密度晶型结构更加稳定。可通过从 TNAZ 饱和溶液中结晶，并使用超速离心机来控制 TNAZ 晶体的大小，这种方法得到的晶体缺陷最小。将 5%～25% 的芳香族硝胺加到 TNAZ 中，能降低 TNAZ 的冲击感度，这是因为当 TNAZ 从熔融态中结晶出来时，芳香族硝胺作为 TNAZ 的成核点，使其结构更加均匀。TNAZ 可以与一些含能材料形成共熔混合物，如表 2.20所列。TNAZ 的部分性质如表 2.21 所列。

表 2.20　TNAZ 的低共熔混合物

添加物	添加物的熔点/℃	低共熔物的熔点/℃	共熔物中 TNAZ 含量/%（摩尔分数）
TNT	80.8	60.0	63.3～65.0
特屈儿	129.5	81.4	65.0
HMX	275	95.9	97.9

表 2.21　TNAZ（1,3,3－三硝基氮杂环丁烷）的性质

特征	TNAZ 炸药
颜色	白色晶体
相对分子质量	192.088
熔点/℃	101
沸点/℃	252

（续）

特征	TNAZ 炸药
闪点/℃	270.5①
20℃时的密度/(g/cm³)	1.7
20℃时和 760 托下的摩尔体积/(cm³/mol)	104.3①
生成焓/(kJ/mol)	+33.64
生成能/(kJ/mol)	+50.96
① 使用化学新技术开发公司（ACD/Labs）软件 V11.02 的计算值（© 1994 - 2010 ACD/Labs）	

14. CL - 20

CL - 20 [2 - 20] 又称作 HNIW [2,4,6,8,10,12 - 六硝基六氮杂异伍兹烷（$C_6H_6N_{12}O_{12}$）]，属于高能量密度笼状结构硝胺。

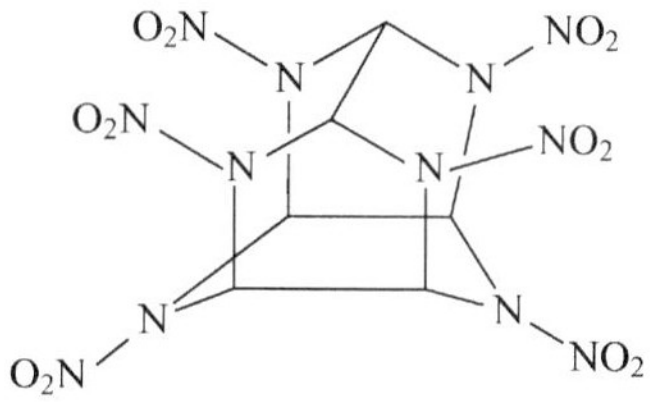

[2 - 20]

CL - 20 于 1991 年由 Nielsen 首次合成，是一种能量最高的最新的猛炸药。与以 HMX 和 RDX 为基的炸药配方相比，基于 CL - 20 的炸药配方产生的总能量和膨胀能分别增加了 42% 和 28%。由于这种笼状结构分子的高能量含量，CL - 20 的爆压非常高，是 TNT 的两倍还多。CL - 20 在军事上既可应用于发射药和推进剂，也可用于混合炸药，效果非常好。为此，研究者做了许多努力，试图从一些可硝解的前驱体合成 CL - 20，这其中包括用亚硝基、甲酯基和乙酰基取代的笼状异伍兹烷。利用四乙酰基异伍兹烷合成 CL - 20，无论从工艺经济性还是产品纯度而言，都是一种前景看好的方法。CL - 20 的部分性质如表 2.22 所列。

表 2.22　CL - 20（2，4，6，8，10，12 - 六硝基六氮杂异伍兹烷）的性质

特征	CL - 20 炸药
颜色	白色粉末
相对分子质量	438.187
熔点/℃	167
分解温度/℃	213
闪点/℃	796.1①

（续）

特征	CL－20 炸药
20℃时的密度/(g/cm^3)	2.044
20℃时和760托下的摩尔体积/(cm^3/mol)	167.3①
生成焓/(kJ/mol)	+372.00
生成能/(kJ/mol)	+409.15
① 使用化学新技术开发公司（ACD/Labs）软件 V11.02 的计算值（© 1994－2010 ACD/Labs）	

15. FOX－12（GUDN）

FOX－12［2－21］，又称 GUDN［N－脒基脲二硝酰胺盐（$C_2H_6N_4O \cdot HN_3O_4$）］，已被证实为一种极不敏感的含能分子。

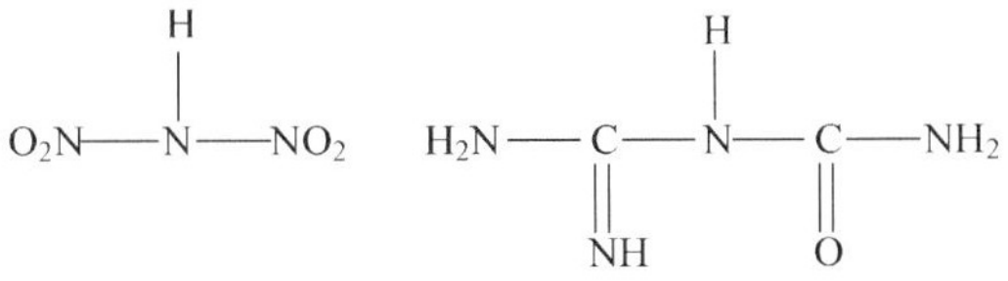

［2－21］

FOX－12 是一种二硝酰胺盐，具有热稳定性优异、水溶性低且不吸湿的优点。它是气体发生剂中的一种优异燃料，可用于对高温下热稳定性和高产气量有严苛要求的安全气囊和安全带系缚系统中。FOX－12 也可用于火炮模块装药的低易损性发射药中。它也是计算性能介于 TNT 和 RDX 的一种猛炸药。具有低敏感性的 FOX－12 可以作为普通炸弹、火炮、坦克和迫击炮等弹药的不敏感战斗部装药的主要组分。FOX－12 的部分性质如表 2.23所列。

表 2.23　FOX－12［GUDN（N－脒基脲二硝酰胺盐）］的性质

特征	FOX－12 炸药
颜色	白色粉末
熔点/℃	214
热点火温度/℃	192
20℃时的密度/(g/cm^3)	1.7545
生成热/(kJ/mol)	－355

16. DNAN

DNAN［2，4－二硝基苯甲醚（$C_7H_6N_2O_5$）］［2－22］首次用于爆炸性军事装备上的一个记载是在第二次世界大战期间作为 Amatol 40（50% DNAN，35% 硝酸铵，15% 环三亚甲基三硝胺）的主要装药成分用于一些 V－1 导弹的战斗部。那时候并不是为了获得某一性能使用 DNAN，而更可能是因为当 TNT 等较高性能材料日益短缺时它的易得性。尽管 DNAN 的部分性能欠佳，但作为不敏感弹药化合物在炸药配方中的使用正在重新复兴。另外，DNAN 在工业上有许多的应用，例如作为合成染料的成分和杀虫剂。

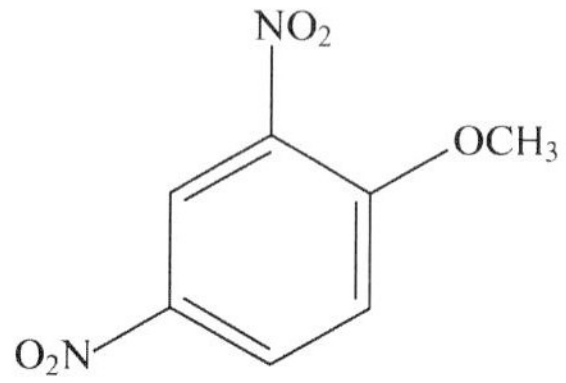

[2－22]

目前，DNAN 更多地用作炸药配方中的组分，是因为作为熔铸介质，其低敏感性更优于 TNT，并且属于 4.1 类易燃固体。与 1 类材料相比，其国际运输要求不太严苛。通过口服、皮肤吸收和直接吸入等途径接触 DNAN 将比一次性接触单一剂量的 TNT 更易中毒。DNAN 的部分性质如表 2.24所列。

表 2.24　DNAN（2，4－二硝基苯甲醚）的性质

特征	DNAN 炸药
相对分子质量	198.13
熔点/℃	86～95
热点火温度/℃	346.7
沸点/℃	206
闪点/℃	180.5①
20℃时和 760 托下的密度/(g/cm^3)	1.444①
20℃时和 760 托下的摩尔体积/(cm^3/mol)	137.1①
760 托下的汽化焓/(kJ/mol)	57.21①

① 使用化学新技术开发公司（ACD/Labs）软件 V11.02 的计算值（© 1994－2010 ACD/Labs）

17. FOX－7（DADNE）

FOX－7 又称为 DADNE［1,1－二氨基－2，2－二硝基乙烯（$C_2H_4N_4O_4$）］［2－23］，属于硝胺类炸药，是固体发射药和推进剂中的能量组分。瑞典的 FOI 国防研究所于 1998 年首次合成了 FOX－7，并宣称其兼具高性能和低感度。

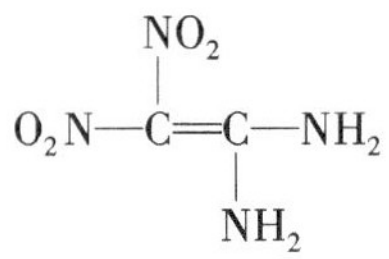

[2-23]

与 RDX 相比，FOX-7 的感度较低，但其能量水平与 RDX 相当。因此，FOX-7 有望在爆炸性兵器装备中作为 RDX 的替代物以符合不敏感弹药（IM）标准。FOX-7 的部分性质如表 2.25 所列。

表 2.25 FOX-7［DADNE（1，1-二氨基-2，2-二硝基乙烯）］的性质

特征	FOX-7 炸药
颜色	亮黄色粉末
相对分子质量	148.08
熔点/℃	238
分解温度/℃	238
沸点/℃	194.6①
闪点/℃	71.5①
20℃时的密度/(g/cm^3)	1.88
20℃时和 760 托下的摩尔体积/(cm^3/mol)	87.6①
生成焓/(kJ/mol)	-130
① 使用化学新技术开发公司（ACD/Labs）软件 V11.02 的计算值（© 1994-2010 ACD/Labs）	

18. LLM-105

LLM-105［1-氧-2,6-二氨基-3,5-二硝基吡嗪（$C_4H_4N_6O_5$）］[2-24]的性能和不敏感性介于 HMX 和 TATB 之间。

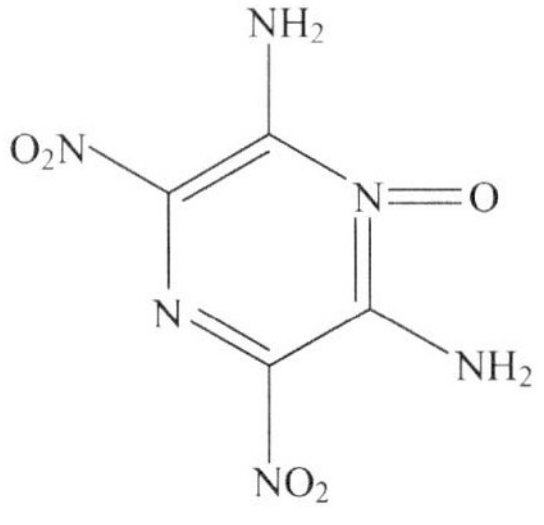

[2-24]

LLM-105 计算能量是 HMX 的 85%，比 TATB 高 15%。其热稳定性高，对冲击、火花和摩擦等不敏感，对撞击的不敏感度与 TATB 接近。这

些综合性能使它成为一种现实可行的高性能的不敏感炸药（IHE）材料，对炸药性能和不敏感性有中度要求的应用很具吸引力。1995 年，劳伦斯－利弗莫尔实验室首次报道了通过 2，6－二氨基－3，5－二硝基吡嗪和过氧三氟乙酸在室温下的氧化反应合成 LLM－105。LLM－105 的部分性质如表 2.26所列。

表 2.26　LLM－105（1－氧－2,6－二氨基－3,5－二硝基吡嗪）的性质

特征	LLM－105 炸药
颜色	白色粉末
相对分子质量	216.11
沸点/℃	891.2①
闪点/℃	492.8①
20℃时的密度/(g/cm^3)	1.88～1.911
20℃时和 760 托下的摩尔体积/(cm^3/mol)	85.6①
760 托下的汽化焓/(kJ/mol)	129.57①
① 使用化学新技术开发公司（ACD/Labs）软件 V11.02 的计算值（© 1994－2010 ACD/Labs）	

2.7　用于混合炸药的其他化合物

混合炸药中有许多其他组分，这些材料本身不是爆炸物，但是可以提高炸药的威力、降低感度且有助于加工。铝粉常被加进炸药和推进剂中以提高它们的效率。硝酸铵（NH_4NO_3）广泛应用于工业炸药和推进剂中，是生产工业炸药最重要的原材料，它还可以用在火箭推进剂中提供氧。NH_4NO_3 的一些性质如表 2.27 所列。

表 2.27　硝酸铵的性质

特征	硝酸铵炸药
颜色	无色结晶固体
相对分子质量	80.0
晶型范围/℃	
α－型四方晶系	－18～16
β－型斜方晶系	－16～32.1
γ－型斜方晶系	32.1～84.2
δ－型斜方六面或四方晶系	84.2～125.2
ε－型规则立方晶系（等轴的）	125.2～196.6
熔点/℃	169.6

（续）

特征	硝酸铵炸药
分解温度/℃	169.6
热点火温度/℃	169.6～210
20℃时的晶体密度/(g/cm^3)	
α－型四方晶系	1.710
β－型斜方晶系	1.725
γ－型斜方晶系	1.661
δ－型斜方六面或四方晶系	1.666
ε－型规则立方晶系（等轴的）	1.594
生成能/(kJ/kg)	－4424
生成焓/(kJ/kg)	－4563

工业爆破炸药含有 NH_4NO_3、木粉、燃油和 TNT。由 NH_4NO_3、水以及燃料油组成的混合物生成一种乳化浆，它也可用于工业爆破炸药。在乳化浆中可加入含有氧的玻璃或塑料微球能增加其爆轰感度。

高分子材料可以加入到猛炸药中以制备高分子粘结炸药（PBX），它们通常与相容的增塑剂一起使用来制备低感度的 PBX。聚合物与增塑剂也可以硝化物的形态加入以增加炸药的威力。这些硝化的聚合物以及增塑剂分别叫作含能聚合物和含能增塑剂。

在炸药中加入脱敏剂有助于加工，可降低高感度炸药的撞击感度以及摩擦感度。脱敏剂可以是蜡类物质，它润滑炸药晶体，同时又可充当粘结剂。

第3章

燃烧、爆燃和爆轰

类似于手榴弹或炸弹爆炸时发出的尖锐的巨响即称为爆轰。如果发出的声音没有爆轰发出的声音大，但持续时间较长，听起来像嘶嘶声（火箭发动机发出的声音），则属于爆燃。在许多情况下，先于这些效应或伴随这些效应会有火的产生。若只有火产生而没有伴随的巨大声响，没有把构筑物“炸坏”，则称为燃烧。一些爆炸性材料如果在地上摊放成薄薄的线状，其燃烧相对较慢（每秒几毫米或几厘米）。但当这些爆炸性材料受到约束时，燃烧速率会增加，有时会发展为爆燃或爆轰。

3.1 燃 烧

燃烧是物质与氧之间发生的化学反应。燃烧化学反应非常迅速，并放出大量的热，通常伴有火焰的产生。燃烧时产生的能量将会升高未反应物的温度，并增加反应速率。这种现象的一个例子是火柴点燃的过程。一开始擦火柴是为了形成足够的摩擦以产生大量的热，使火柴头局部升温，引发燃烧化学反应，点燃火柴头。火柴头点燃后，热量产生，反应物便能在空气中燃烧，伴随发出火焰。若火柴被风吹或火柴梗受潮而使热量下降，火焰将会熄灭。

3.1.1 燃烧的物理和化学特点

燃烧是包括许多阶段的一个复杂过程，与可燃物质的性质有关。低温下，可燃性材料的氧化过程可以进行得非常缓慢，并且没有火焰产生。当温度升高后，例如提供外部热量，氧化速率加快。如果反应物的温度上升至它们的“点火温度”之上，产生的热量将大于向环境介质散失的热量，就会观察到有火焰产生。例如当把点燃的火柴靠近丁烷气体时，气体的温度就会上升至着火点，进而出现火焰。

3.1.2 炸药与发射药、推进剂的燃烧

发射药、推进剂和炸药的燃烧过程可以定义为自持续的、放热的快速氧化反应。发射药、推进剂和炸药在高温下燃烧时放出大量气体，并能在没有氧的周围气氛中自持续燃烧。发射药、推进剂和炸药都属于可燃性材料，它们的成分中均包含有氧化剂和燃烧剂。发射药、推进剂和炸药的化学成分本质上是相同的，因而有些发射药和推进剂可用作炸药，而有些炸药可被用作发射药或推进剂。一般而言，发射药和推进剂由爆燃过程释放燃气，而炸药则通过爆燃或爆轰产生这些气体。发射药和推进剂的燃烧过程通常是亚声速的，而炸药爆轰时的燃烧过程则是超声速的。

3.2 爆　燃

当少量物质在未约束条件下承受火焰、火花、冲击、摩擦或高温就可以点燃时，这种物质属于爆燃性爆炸物。爆燃性爆炸物比普通易燃物质的燃烧更迅速，也更猛烈。它们燃烧时伴随着火焰或火花，有嘶嘶声或爆裂声。

引发爆燃性爆炸物时，固体颗粒间的摩擦、液态组分中空腔或气泡的压缩或材料的塑性流动，都可发展形成局部的、有限的“热点”，依次产生热量及挥发性中间产物，然后，这些挥发性中间产物在气相中进行强放热反应。整个过程可以产生足够多的能量和热量来引发新裸露表面的分解和汽化。因此，爆燃是一个自传播过程。

爆燃速率随着约束程度的增加而增长。例如，大量堆积的爆炸性材料中就会存在许多被约束的颗粒。当材料爆燃时，爆炸性晶体分解产生的气体被限制在材料堆中，从而增大了内部压力，进而导致温度升高，引起爆燃速率的增大。

材料组分表面的燃烧速率，即“线性燃速”可用式（3.1）计算：

$$r = \beta P^{\alpha} \tag{3.1}$$

式中：r 为线性燃速（mm/s）；P 为给定瞬间材料组分表面压力；β 为燃速系数；α 为燃速指数。燃速系数 β 的单位与 r 和 P 的单位有关，而燃速指数 α 可以通过在不同压力 P 下进行爆炸物的燃烧试验来测量线性燃速 r 得到。α 值一般大于0.3，最高可大于1.0。发射药在火炮身管内受限燃烧时的线性燃速的增长可用式（3.1）计算。

例如，若大气压下（$9.869\times10^{-2}\,\mathrm{N/mm^2}$）处于未约束状态的一种典型发射药的线性燃速等于5mm/s，燃速指数为0.528，那么，β 值为 $16.98\ \mathrm{mm/s\ (N/mm^2)^{1/0.528}}$，计算过程如式（3.2）所示：

$$5 = \beta(9.869 \times 10^{-2})^{0.528}$$

$$\frac{5}{(9.869 \times 10^{-2})^{0.528}} = \beta$$

$$16.98 = \beta \tag{3.2}$$

当发射药在火炮身管内燃烧时，压力增大至4000倍，线性燃速增加到399 mm/s，如式（3.3）所示：

$$r = 16.98 \times (4000 \times 9.869 \times 10^{-2})^{0.528}$$

$$r = 399\text{mm/s} \tag{3.3}$$

若引发处于受限状态（完全封闭在容器中）的爆燃性爆炸物，则气态产物无法逸出，压力上升，导致爆燃速率随之迅速增加。若爆燃速率达到1000～1800m/s（$1000 \sim 1800 \times 10^3$mm/s）时，这一过程属于“低级”爆轰；如这一速率增加到5000m/s（5000×10^3mm/s）时，就属于“高级”爆轰了。因此，对于给定的爆炸物，在开放空间可以表现出爆燃性爆炸物的行为特征，而在受到约束时以适当方式引发则可能表现出爆轰性爆炸物的行为特征。

因此，除了不需要另外提供氧来维持燃烧以外，爆燃性爆炸物的燃烧是与其他可燃材料的燃烧类似的表面现象。单位时间内在表面燃烧的爆炸性材料的量依赖于燃烧表面积A，密度ρ和燃烧速度r的大小。单位时间内消耗的爆炸性材料的质量m为

$$m = rA\rho \tag{3.4}$$

因此，爆炸反应通过爆燃性爆炸物的传播是以热反应为基础的。当初始爆炸点周围的爆炸性材料被加热至其分解温度之上时，就会引起爆炸。如发射药和推进剂之类的爆炸物就表现出这种爆炸机制。通过温差以热的方式传输能量是一个相对缓慢的过程，并且非常依赖于外界条件，如环境压力等。爆燃性爆炸物的爆炸过程的速度通常是亚声速的，也就是低于声速。

3.3 爆　　轰

通过冲击波而不是加热机制来引发分解反应的爆炸性材料，称为爆轰性爆炸物。固态或液态爆炸物内的冲击波速率为1500～9000m/s之间，比爆燃过程的速率高一个数量级。爆炸物分解的速率由材料对冲击波的传导速度决定，而不是由热量传递的速度决定。燃烧转爆轰或初始冲击波都可导致爆轰发生。

3.3.1 燃烧转爆轰

当把爆炸性材料受限在管状容器中，并在一端点火时，就会发生燃烧转爆轰。爆炸混合物化学分解产生的气体在容器中积聚，导致燃烧表面压力上升，压力的上升反过来使线性燃速增加。在爆轰性爆炸物中，由于燃烧表面处产生的压力脉冲使线性燃速升高以至于超过声速，导致爆轰发生。图 3.1 显示了爆轰性爆炸物的线性燃速 r 随压力 P 的升高而增加。r 和 P值由式（3.1）得出。

爆燃性爆炸物的燃速指数 α 的值小于 1。对爆轰性爆炸物而言，其值增加至大于 1（见图 3.1（a）），在更高的压力下可以增加得更大（见图 3.1（b））。以这种方式爆轰的爆炸物在燃烧起始阶段至爆轰发生之间会有明显的延迟期，如图 3.2 所示。

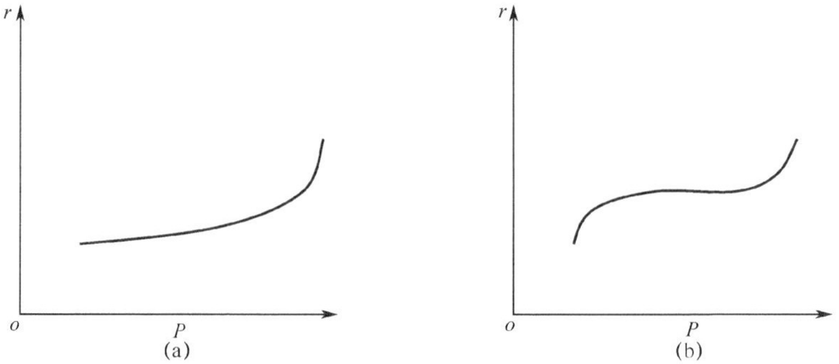

图 3.1 爆轰性爆炸物的燃速—压力曲线

（a）燃速指数 α 增加到 1 以上；（b）燃速指数 α 在高压下进一步增加。

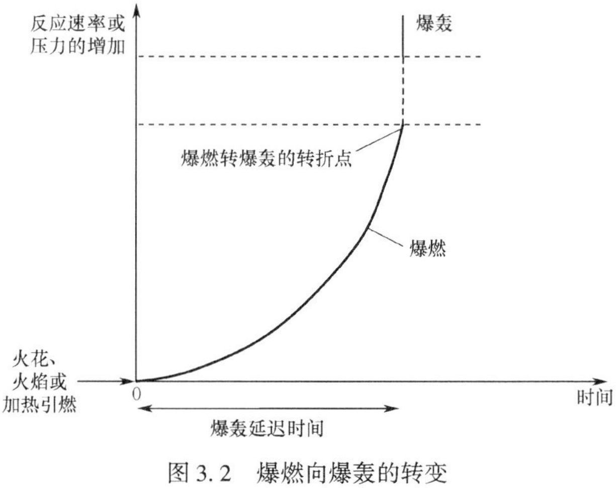

图 3.2 爆燃向爆轰的转变

该延迟期会随着爆炸物自身组分的性质、粒径、密度以及约束条件的不同而有所改变。这种燃烧转爆轰的原理已在延期引信和爆破雷管中得到了应用。

3.3.2 冲击转爆轰

爆炸物承受高速冲击波时也可发生爆轰。这种方法常用来引爆猛炸药。起爆药爆轰时会产生冲击波，如果起爆药和猛炸药紧密接触，这个冲击波将会引爆猛炸药。冲击波迫使颗粒压缩，导致绝热加热，使得温度上升到超过爆炸物的分解温度。爆炸物晶体经历放热化学分解过程，该过程使冲击波加速。若冲击波在爆炸物中的速率超过了声速，爆轰就会发生。虽然引爆至爆轰不是瞬间发生的，由于其延迟时间极短，这一延迟可以忽略不计。

3.3.3 爆轰冲击波的传播

描述爆轰过程的理论非常复杂，包括许多数学方程。这些方程过于繁琐，远远超出了本书讨论的内容。为了给予读者爆轰过程的一些基本理解，下面对此作一个非常简单的定性描述。

如图3.3所示，假设在一个含有气体的圆柱内利用活塞的前后移动产生一个类似声波的波。

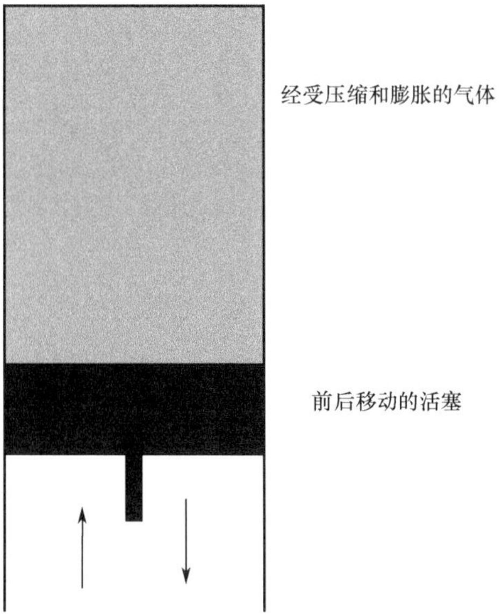

图3.3　气体压缩和膨胀产生声波

这个声波中包含稀疏波和压缩波区域。物质的温度在压缩波区域升高，然后由于绝热膨胀而冷却。在爆炸物中，波中压缩的部分紧密得足以引起温度升高直至超过爆炸物晶体的分解温度。恰好在波阵面后的爆炸物晶体分解，产生大量的热和气体，进而导致内部压力升高，使得波阵面的压力增大。要使波阵面向前移动，必须维持波阵面的高压。

为了波阵面向前传播（而非横向传播）并传播相当大距离，爆炸物应约束在一个管状物中或自身呈圆柱形。若爆炸物的直径过小，波阵面将可能发生变形，速度减小，由于能量“侧向”损失太大以至于不足以支持爆轰持续，引起爆轰波衰减消失。所以，爆炸物的直径应该大于某一临界值，这是爆炸物的一个特性指标。

沿着圆柱形爆炸物药柱的爆轰可认为是一个自传播过程，在这个过程中冲击波的轴向压缩改变了爆炸物的状态，导致放热反应发生。图 3.4 是波阵面在圆柱形爆炸物药柱中传播前进的示意图。

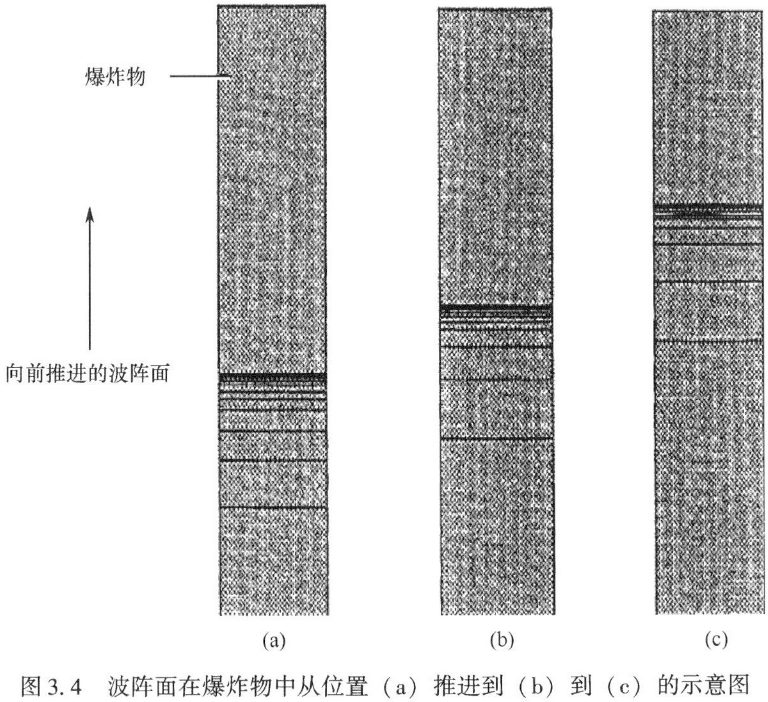

图 3.4　波阵面在爆炸物中从位置（a）推进到（b）到（c）的示意图

在爆炸物中行进的冲击波一直随着振幅的增加而加速，直到达到其稳定状态。达到稳定状态的条件为：从化学反应中释放的能量等于以热的形式散失在环境介质中的能量和用于压缩和移动爆炸物晶体的能量之和。在稳态条件下，爆轰波的速度将达到超声速。

在适当的条件下引爆均质液态爆炸物，如液态硝化甘油时，压力、温度和密度都会升高以形成爆轰波波阵面。这一过程发生在 10^{-12}s 数量级的时间间隔内。液态硝化甘油分解时的放热化学反应发生在冲击波波阵面处，冲击波厚度约 0.2mm。接近冲击波波阵面的末端压力将达到约 220kbar①，温度超过 3000℃，且液态硝化甘油的密度比其原始值高 30%。

3.3.4 密度对爆轰速度的影响

对于非均相工业炸药，爆轰速度会随着炸药压实密度的增加先增加然后减小。使密实非均相炸药由爆燃向爆轰的转变变得非常困难。

对于均相军用炸药，爆轰速度将会随着炸药压实密度的增加而增加，如图 3.5 所示和表 3.1 所列。

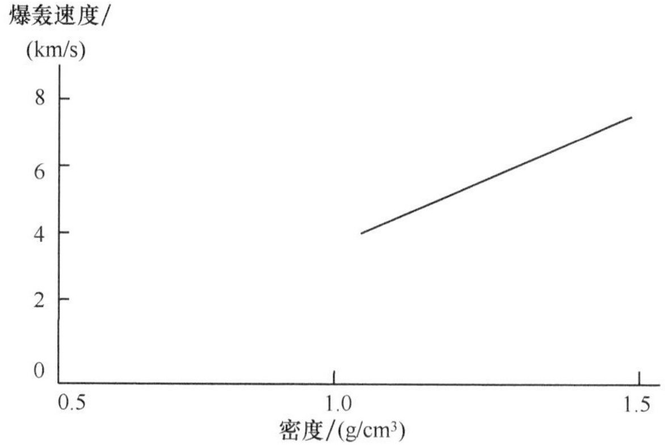

图 3.5 猛炸药（如 TNT）的爆轰速度随着密度变化的函数关系

表 3.1 密度对起爆药雷酸汞、猛炸药硝基胍的爆轰速度的影响

炸药	密度/（g/cm^3）	爆轰速度/（m/s）
雷酸汞	1.25	2300
	1.66	2760
	3.07	3925
	3.30	4480
	3.96	4740
硝基胍	0.80	4695
	0.95	5520
	1.05	6150
	1.10	6440
	1.20	6775

① 1bar = 10^5Pa。

为了让均相炸药达到最大爆轰速度，需要将炸药压实至最大密度。结晶质炸药的压实密度依赖于压实技术（如压制、浇铸、挤出等）。极限密度将是炸药晶体的密度。爆轰速度可以依据炸药组分的密度计算得到，计算公式为

$$V_{\rho 1} = V_{\rho 2} + 3500(\rho_1 - \rho_2) \tag{3.5}$$

式中：$V_{\rho 1}$，$V_{\rho 2}$分别为密度为ρ_1和ρ_2时的爆轰速度。爆轰速度的估算值为

$$V_{\rho x} = 430(nT_{\mathrm{d}})^{1/2} + 3500(\rho_x - 1) \tag{3.6}$$

式中：$V_{\rho x}$为已知压实密度为ρ_x时的爆轰速度；n为每克爆轰气态产物的摩尔数；T_{d}为爆轰发生时的近似温度（K）。

一些起爆药和猛炸药的爆轰速度对比如表3.2中所列。

从表3.2中可以看出，通常猛炸药的爆轰速度要比起爆药的爆轰速度高。

表3.2　一些起爆药和猛炸药爆轰速度的对比

炸药	密度/（g/cm³）	爆轰速度/（m/s）
起爆药		
斯蒂芬酸铅	2.9	5200
叠氮化铅	3.8	4500
雷酸汞	3.3	4480
猛炸药		
HMX	1.89	9110
RDX	1.70	8440
PETN	1.60	7920
苦味酸	1.60	7900
硝基胍	1.55	7650
TATB	1.88	7760
硝化甘油	1.60	7750
硝化纤维素（干燥）	1.15	7300
特屈儿	1.55	7080
HNS	1.70	7000
TNT	1.55	6850

3.3.5　爆炸物直径对爆轰速度的影响

对于圆柱形爆炸物药柱，爆轰速度随着药柱直径的增加逐渐增加到一个极限值。稳态下圆柱形药柱的爆轰波波阵面并不是一个平面，而呈凸面状，如图3.6所示，图中D是轴向爆轰速度，D_{t}是接近爆炸物药柱表面的爆轰速度。

从图3.6可以看出，爆轰速度从药柱中心至其表面逐渐减小。对大尺

寸药柱和小尺寸药柱而言，表面因素对爆轰速度的影响程度不相同。对于药柱直径，存在一个确定的值，当减少到这个值时，表面因素的影响足以使波阵面不再稳定，这时的药柱直径称为临界直径。这种现象只存在于均相军用炸药中。对于非均相工业炸药，爆轰速度随着直径增加而增加。这种均相与非均相炸药行为上的差异，其原因是爆轰机制不同。均相炸药依赖于分子内反应来使爆轰波传播，而非均相炸药的爆轰依赖于受扩散控制的分子间反应，因为非均相炸药需要由空气、气泡、空腔等敏化。

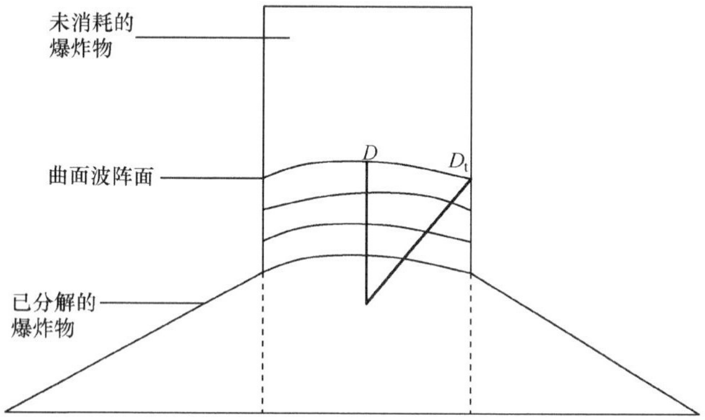

图 3.6　曲面波阵面的爆轰波传播

3.3.6　爆炸性材料对爆轰速度的影响

爆轰过程可以看作这样一种波：它由冲击波波阵面领头，以恒定速度 D 向未消耗的爆炸物推进，其后跟随有一个化学反应区，如图 3.7 所示。

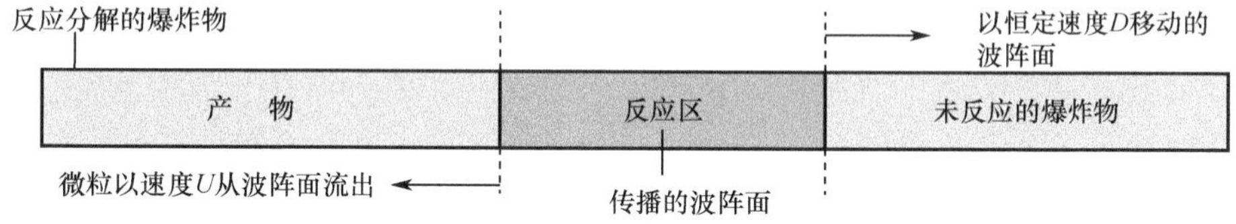

图 3.7　爆轰波向前移动而爆炸物微粒向反向移动的示意图

为了使爆轰波向前推进，其在化学反应区中的速度应等于声速和爆炸性材料流动速度的总和，如式 3.7 所示：

$$D = U + c \tag{3.7}$$

式中：D 为稳态波波阵面速度；U 为流动微粒的速度；c 为声速。

当爆炸物微粒的速度非常低，即 U 很低，则冲击波很弱，其速度会接近声速。在这种情况下，不会发生爆轰。然而，当爆炸物微粒的速度非常高，即 U 很大，冲击波速度将会比声速更大，爆轰就会发生。

应用冲击波质量、能量和动量守恒的基本物理性质，结合爆炸物的状态方程（描述压力、温度、体积和组分之间互相影响的规律），可以发现爆轰速度是由组成爆炸物的材料，以及这些材料的速度来决定的。

3.4 爆炸物的分类

可以根据爆炸物点燃和随后发生爆炸的难易程度将爆炸物进行分类。起爆药易被微小的机械或电激励点燃或爆轰。猛炸药不太容易被引发，通常需要起爆药爆轰时所产生的高速冲击波来引爆。发射药/推进剂通常由火焰点燃，但只发生爆燃而不发生爆轰。

非爆炸性可燃性材料和爆燃、爆轰爆炸物的作用效果对比如表 3.3 所列。

表 3.3　非爆炸性可燃性材料和爆燃、爆轰爆炸物的作用效果对比

非爆炸性可燃性材料	爆燃性爆炸物	爆轰性爆炸物
需由火焰、火花、高温点燃	可由火焰、火花、摩擦、冲击、高温点燃	若适当引爆，大多数爆轰性爆炸物均可爆轰
在潮湿状态下不能被点燃	在潮湿状态下不能被点燃	在潮湿状态下可以爆轰
需外界提供氧	组成中含有氧	组成中含有氧
燃烧伴有无声的火焰	产生长而低沉的嘶嘶声响和火	发出响亮、尖锐的巨响，有时伴有火
燃烧产生少量气体	产生气体，被用于发射药、推进剂中产生推进力	产生冲击波，被用作一种摧毁力
燃烧速率比爆燃慢	燃烧速率为亚声速	燃烧速率为超声速
基于热反应而传播	基于热反应而传播	基于冲击波而传播
燃速随着环境压力的升高而增加	燃速随着环境压力的升高而增加	爆轰速度不受环境压力变化的影响
不受容器强度影响	不受容器强度影响	爆轰速度受容器强度的影响
不依赖于材料的尺寸	不依赖于组分的尺寸	爆轰速度依赖于爆炸物装药直径，即存在临界直径
绝不会转变为爆燃或爆轰	在条件合适的情况下可转变为爆轰	不常转变为爆燃。若爆轰波传播停止，爆炸物组分的化学变化随即中止

第 4 章

点火、引发和热分解

大多数情形下，一个化学爆炸事件可以分为 4 个步骤：点火、爆燃的发展、爆燃转爆轰、爆轰的传播。在某些情况下，点火可直接导致爆轰，但这只有当初始激励能够在爆炸物中产生大量能量时才能发生。此时，冲击波波阵面中形成绝热压缩，产生热量并导致爆轰。仅特殊配制的爆炸物才会发生点火转爆轰，并需要特殊条件和非常高的压力。

4.1 点　　火

当可燃性材料，例如爆炸物的一部分被加热至其点火温度或高于其点火温度时，就会被点燃。点火温度是引发（包括引燃引爆）过程能够自行持续进行所需的最低温度。

爆炸性材料的点火可由一种外部激励的作用有效地向爆炸物输入能量，进而提高其温度来实现。外部激励可以是摩擦、针刺、电脉冲和热等。一经激励，爆炸物温度的升高会引起一系列预点火反应的发生，包括晶型结构的转变，液相向气相的转变，一个或多个组分的热分解。这些反应导致材料自行持续燃烧，即点火。随着温度上升，放热速率呈指数增加，而热散失速率则呈线性增加。点火就发生在热生成速率大于热散失速率处的温度。图 4.1 是定义爆炸物点火温度 T_{ign}的简单模型。

T_{ign}是爆炸物中产生的热量比向环境散失的热量多时的温度。或者更准确地说 T_{ign}应该等于点燃温度减去初始温度。

如上所述，点火通常会导致爆炸性材料的爆燃，而当此材料受到约束或数量较多时，爆燃能发展成为爆轰。通常认为爆炸物的引发是一个热过程。激励产生的机械能或电能可由多种机制转变为热能，这些热量集中在局部小区域形成热点。

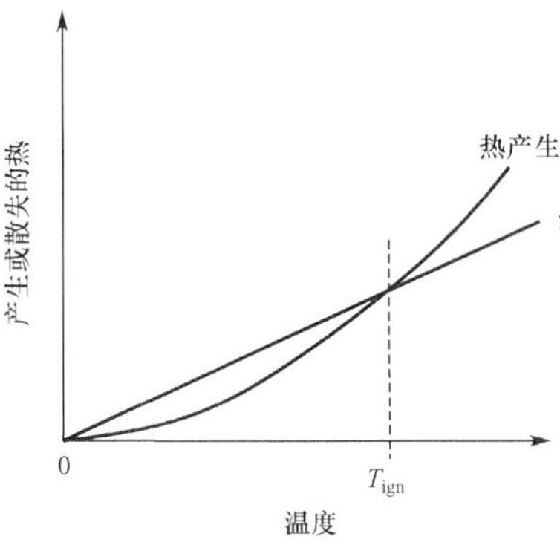

图 4.1　爆炸物点火的简单模型

4.1.1　热点

热点的形成取决于能量的输入和爆炸物的物理性质。一般热点的直径为 0.1 ~ 10μm，持续时间为 10^{-5} ~ 10^{-3}s，温度大于 900℃。目前提出的关于热点形成机理的理论较多，以下介绍其中的几种。

4.1.2　热点形成机理

激励产生的能量通过小的内部气泡的绝热压缩而转变为热能，进而形成热点。对理想气体而言，气泡内的温度 T_2 取决于压缩比，如式（4.1）所示：

$$T_2 = T_1\left(\frac{P_2}{P_1}\right)^{\frac{\gamma-1}{\gamma}} \tag{4.1}$$

式中：T_1 为气泡的初始温度；P_1，P_2 分别为气泡内的初始压力和最终压力；γ 为气体比热比。

因此，从式（4.1）可看出，当初始压力 P_1 升高时，气泡内的温度 T_2 将下降。为使点火发生，气泡内的温度应最少上升 450℃。在不同压力下液态硝化甘油受到撞击时可以观察到这种结果。当液态硝化甘油在 1atm① 的初始压力下受到 5kgf②/cm 的冲击能时，就会观察到它发生爆炸；而当初始压力升高至 20 ~ 30atm 时，爆炸事件就不会发生。

在一定条件下，微型气泡的存在使得爆炸物变得极为敏感，轻微的撞击就可使其点火。若采取措施消除所有气泡，爆炸物将变得相当钝感，需使用非常高的撞击才能点燃，此时点火产生的原因是从撞击表面之间逃逸的爆炸物由于快速流动而受到的黏滞加热。

---

① 1atm = 101.325kPa。

② 1kgf = 9.8N。

另外，爆炸物中有砂状颗粒，例如晶粒，也能产生热点。当颗粒的尺寸较小，边缘尖锐时，小的摩擦或撞击能就可产生热点，这是在应力点产生的局部能量造成的。软性颗粒受到挤压时会变形，因而不足以产生足够的能量来形成热点。一些以高分子作为胶黏剂的爆炸物也会对撞击十分敏感，这是因为高分子的严重变形释放出足够的能量形成热点。

因此，点火开始于热点处，但并不一定引起爆轰。如果向环境散失的能量大于热点产生的能量，那么微小爆炸就会逐渐消失，不会进一步传播。如果爆炸物颗粒的尺寸小于某一最小尺寸（可称为临界尺寸），则热量的消耗大于放热，爆炸将不会发生。

4.2 撞击和摩擦点火

4.2.1 摩擦

爆炸物受到摩擦可以产生热点，这是由爆炸物组分中存在的晶体颗粒之间的相互摩擦产生的。由于爆炸物晶体是非金属的，热导率较低，因此晶粒表面较易产生热点。热点的温度必须达到430℃以上才能点燃爆炸物，然而，热点的最高温度取决于晶体的熔点。因此，若爆炸物含有的晶体熔点低于430℃，将不能通过热点的形成而实现点火，反之，若含有的晶体熔点较高，就会形成较高温度的热点，从而点燃爆炸物。摩擦形成的热点是瞬时的，其持续时间非常短，只有 10^{-5} ~ 10^{-3}s。因此，对爆炸物而言，通过热点点火的温度比传统的热点火温度要高。表4.1给出了一些起爆药和猛炸药由摩擦产生热点的点火温度和由热机理点火的温度数据。

表4.1　一些起爆药和猛炸药的摩擦（热点）点火温度和热点火温度

爆炸物	热点点火温度/℃	热点火温度/℃
起爆药		
四氮烯	约430	140
雷酸汞	约550	170
斯蒂芬酸铅	430~500	267
叠氮化铅	430~500	327~360
猛炸药		
硝化甘油	450~480	200
PETN	400~430	202

4.2.2 撞击

当液态爆炸物承受强撞击时，受限的气体受到压缩和加热，同时爆炸物汽化物开始发生放热分解反应。温度的迅速升高导致液态爆炸物从气泡壁进一步汽化，形成热点。这些热点变得足够强大时，导致液态爆炸物被点燃。因此，气泡数量的增加会导致液态或凝胶状爆炸物撞击感度的增加。

当固态爆炸物承受强撞击时，受限的气体受到压缩和加热，或者晶体颗粒间相互摩擦，都会产生热点。大多数起爆药的点火都是由晶粒间摩擦产生热点引起的，而猛炸药的点火则是由晶粒间微小气隙压缩产生的热点引起的。起爆药和猛炸药热点形成的差别与晶体熔点有关。起爆药在低于晶体熔点时就可点燃，而猛炸药需在熔点以上才能被点燃。

当猛炸药承受强撞击时，材料会像液体一样流动（塑性流动），并夹带一些小气泡。这些受限的气泡受到压缩和加热，于是形成热点，这与液态爆炸物中热点的形成过程类似，只是点火时需要更高的撞击能量。撞击形成的热点是瞬时的，其持续时间非常短，其数量级为 10^{-6}s。因此，爆炸物热点点火温度要高于传统的热点火温度。

4.3 爆炸物的分类

对于爆炸物的使用和操作来说，按其对撞击和摩擦的感度来分类具有特别重要的意义。人们知道一些爆炸物受到撞击时会爆轰，而另一些则只是爆燃。表 4.2 是一些爆炸物的撞击和摩擦感度数据，列出的数据显示了引爆这些爆炸物需要的力的强度。

表 4.2 一些起爆药和猛炸药对撞击和摩擦的感度

爆炸物	摩擦感度/N	撞击感度/(N·m)
起爆药		
四氮烯	8	1~2
雷酸汞	3~5	1~2
斯蒂芬酸铅	1.5	2.5~5
叠氮化铅	0.1~1	2.5~4
猛炸药		
PETN	60	3
HMX-β	120	7.4
RDX	120	7.5
HNS	240	5
硝化甘油	>353	0.2
特屈儿	>353	3
硝化纤维素（13.4% N）	>353	3
苦味酸	>353	7.4
TNT	>353	15

（续）

爆炸物	摩擦感度/N	撞击感度/(N·m)
硝基胍	>353	>49
TATB	>353	50
硝酸铵	>353	50

表中给出的数据清楚地表明起爆药对摩擦的感度远大于猛炸药。因而起爆药操作起来更加危险，必须当心。

另外，还可以用撞击“不敏感性指标（Figure of Insensitiveness，FI）”和“摩擦指标（Figure of Friction，FF）”来分类猛炸药。这些数据是将粉状炸药在Rotter撞击试验机上进行撞击试验或在旋转摩擦试验机上进行摩擦试验获得。

Rotter撞击试验是在不同高度下以一定重量，例如使用5kgf重量撞击样品，记录给定高度下被点燃的样品所占总样品数的百分比，用Bruceton Staircase方法对试验结果作图，并确定测试样品被点燃概率为50%时的落高中值。不敏感性指标FI为

$$FI = \frac{\text{样品落高中值}}{\text{标准落高中值}} \times (\text{标准 FI}) \tag{4.2}$$

标准炸药样品RDX的不敏感性指标FI为80。一些起爆药和猛炸药的不敏感性指标FI如表4.3所列。

表4.3　由Rotter撞击试验机（30mg样品，落锤质量5kg）结果计算得到的一些起爆药和猛爆药的不敏感性指标FI

爆炸物	不敏感性指标
起爆药	
雷酸汞	10
四氮烯	13
斯蒂芬酸铅	12①
叠氮化铅	20①
猛炸药	
硝化纤维素（干燥，13.4%N）	23
硝化甘油	30
PETN	51
HMX-β	56
RDX	80
黑火药	90
特屈儿	86
TATB	>100
苦味酸	120

（续）

爆炸物	不敏感性指标
TNT	152
硝基胍	>200
① 落锤质量为2kg，30mg 样品	

同样，用 Bruceton Staircase 方法可对摩擦指标进行计算。其中，标准炸药 RDX 的摩擦指标 FF 为3.0。一些猛炸药的摩擦指标 FF 如表4.4 所列。

表4.4　由旋转摩擦试验机结果计算得到的一些猛炸药的摩擦指标 FF

炸药	摩擦指标
PETN	1.3
HMX－β	1.5
RDX	3.0
特屈儿	4.5
TNT	5.8

与不敏感性指标 FI 一样，摩擦指标 FF 数值越小则材料越敏感。

利用撞击和摩擦感度试验结果可以将爆炸物分为3类，即非常敏感、敏感和相对不敏感。利用 Rotter 撞击试验机得到的试验结果，爆炸性材料可分成如图4.2 所示的3类。

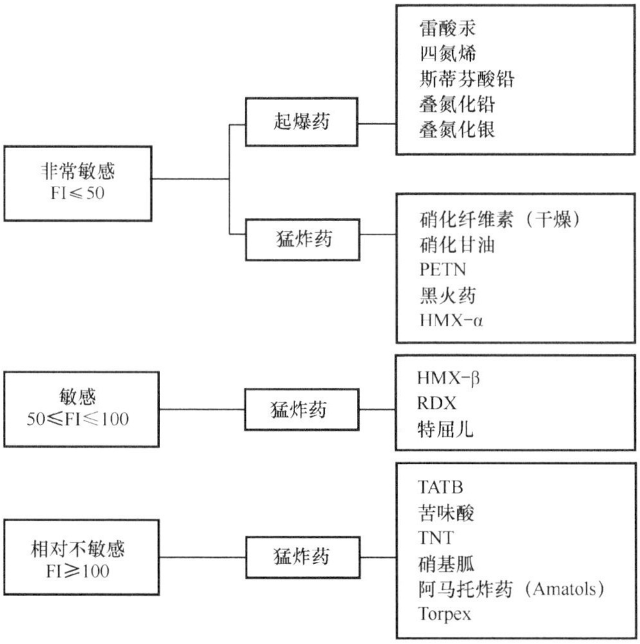

图4.2　按照不敏感性指标 FI 对起爆药和猛炸药的分类

4.4 起爆技术

4.4.1 爆炸链

爆炸物可以通过爆炸链引发或引爆。爆炸链是爆炸元件的一种排列，它使从引发剂获得的初始能量逐步传输并加强，直至达到并引发主装药。爆炸链的一些元件总结在表4.5中。

表4.5 爆炸链的一些元件

元件	作用	注释
火帽	引发装置	由撞击、针刺、电流、热量等引发
雷管	引爆基本装药	由火帽引发，少量起爆药
发火剂	点燃基本装药	由火帽引燃，剧烈燃烧而不爆轰
延期药	延迟时间可控	烟火药的燃烧，无气体产生
接力药	引发下一个元件	作用与雷管类似
传爆药	引发主装炸药	用于引爆爆破剂或浇注 TNT
基本装药	引爆主装药	通常为猛炸药

几乎所有的爆炸链都将起爆药作为第一个元件。爆炸链中的第二个元件取决于主装药引发过程的类型。若主装药需要引爆，那么爆炸链中的第二个元件就会燃烧转爆轰，以便将冲击波传播至主装药。这种爆炸链就是人们熟知的雷管。然而，如果仅需要爆炸链点燃主装药，那么就可使用点火具产生火焰，而不是爆轰。

4.4.2 雷管

雷管用于引爆需要冲击波才能引发的爆炸物。它可以用电的方式、摩擦、来自于其他发火元件产生的火焰、针刺或撞击等来激发。图4.3是电雷管示意图。

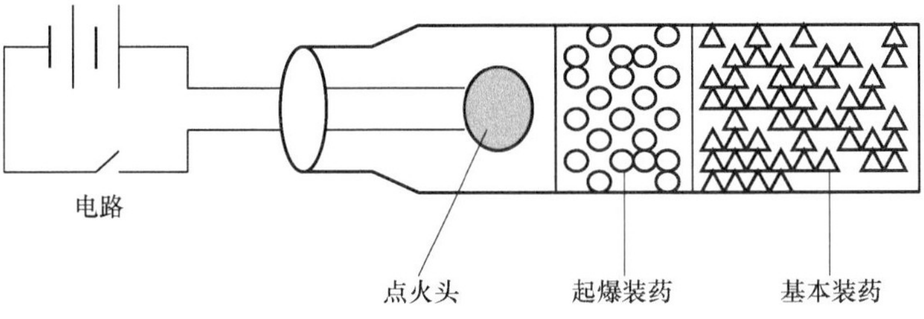

图4.3 电雷管示意图

在电雷管中，引火头中的桥丝加热至能够点燃其周围敏感组分的温度，接着点燃起爆装药中的起爆药，这部分起爆装药燃烧转爆轰，并向基本装药传递冲击波。这一冲击波将引发基本装药中的炸药直至爆轰。雷管通常用于引爆猛炸药、许用炸药和代那买特炸药。

4.4.3 点火具

点火具用于引发需要用火焰或火花引发而不需要由雷管产生的冲击波引发的爆炸物。这类爆炸物就是人们熟知的爆燃性爆炸物。点火具可以由电方式、摩擦、来自于其他点火元件的火焰、针刺或撞击来引发。点火具的一个例子是“点火管”，它是一个小的爆炸装置，外形与雷管相似，但装填有可以爆燃的爆炸物，因此它的输出主要是热（火焰）。

4.5 热分解

所有的爆炸性物质在温度远低于发生爆炸的温度时，都会经历一个热分解的过程。此过程为强放热反应，产生大量的热。一部分热量向环境散失，剩下的热量会进一步升高爆炸物的温度。当热量生成的速率大于热量散失的速率时，就会产生自发分解反应，即点火。图 4.4 显示了分解反应速率随温度升高而增加的情形。

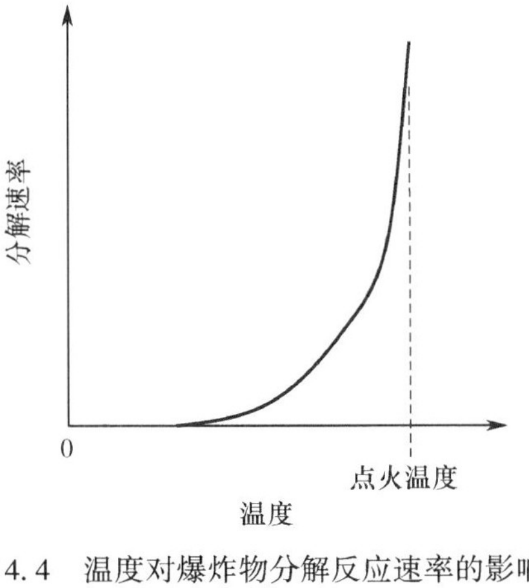

图 4.4　温度对爆炸物分解反应速率的影响

爆炸性物质的分解通常遵循图 4.4 给出的曲线，其分解反应速率在温度低于 100℃时上升非常缓慢，而在温度接近其点火温度时速率陡峭上升。像 TATB、HMX、HNS 和 TNT 等这类点火温度较高的爆炸物，其热稳定性也较高，而点火温度较低的爆炸物，其热稳定性较低。

爆炸物热分解产生的化学能 H 可以用向环境散失的热量 F 和在爆炸物中累积的热量 Q 来计算，即

$$F + Q = H \tag{4.3}$$

由于爆炸物的引发机制是热量，其热分解产生的化学能 H 的大小给出了爆炸物感度的信息。H 值较高则爆炸物较为敏感。

第5章

爆炸物热化学

热化学是爆炸物化学中的一个重要部分：它提供了材料经历爆炸时发生的化学反应的类型、能量的转变、机理以及动力学等信息。本章将对爆炸参数进行理论热化学计算，但必须注意的是，由于所用的试验条件的不同，通过计算得到的结果并不一定总是会符合试验结果的。

当爆炸反应发生后，爆炸物分子分裂成其组成的原子。紧接着，这些原子迅速重组成为一系列稳定的小分子。这些小分子通常为水（H_2O），二氧化碳（CO_2），一氧化碳（CO）和氮气（N_2）等。某些爆炸物产物中也会有氢气（H_2）、碳（C）、氧化铝（Al_2O_3）和二氧化硫（SO_2）等。产物的种类取决于反应时的供氧量，而供氧量的多少又取决于爆炸物分子中氧化性原子的数量。

5.1 氧平衡

考察TNT的结构式［5-1］和硝化甘油的结构式［5-2］，其中每个分子中氧的比例可以计算得到，并可与可燃元素如氢和碳等完全氧化所需的氧量进行比较。

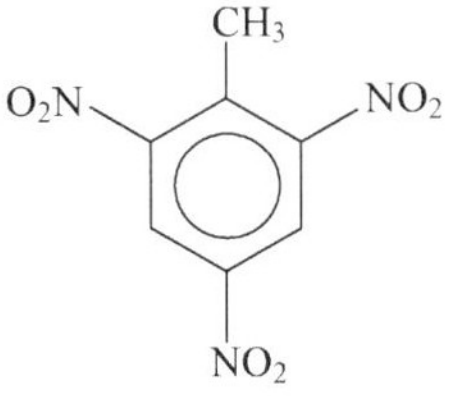

［5-1］

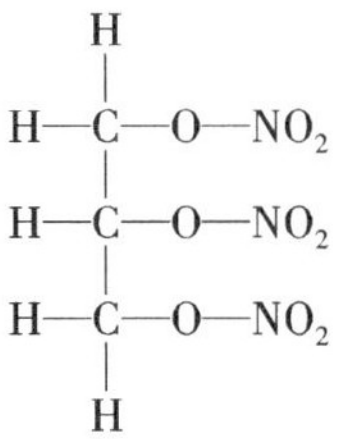

［5-2］

若爆炸物分子中所含的氧量不足以使可燃元素完全氧化，那么将会导致负氧平衡；TNT 分子就会出现这种情况。然而，硝化甘油氧含量较多，比完全氧化可燃元素所需的氧含量多，因而是正氧平衡。氧平衡可被定义为当爆炸物完全转变为二氧化碳、水、二氧化硫和氧化铝等时，所释放的氧量占所需氧量的质量分数。

当发生爆轰时，TNT（$C_7H_5N_3O_6$）被氧化生成气态产物。假设爆轰时的反应物被完全氧化成气体：二氧化碳、水和氮气，化学反应式如式［5.1］所示：

$$C_7H_5N_3O_6 \longrightarrow nCO_2 + nH_2O + nN_2 \qquad [5.1]$$

反应式［5.1］需要配平，可通过引入氧原子（O）来配平，如反应式［5.2］所示。

$$C_7H_5N_3O_6 \longrightarrow nCO_2 + nH_2O + nN_2 + nO$$

$$C_7H_5N_3O_6 \longrightarrow 7CO_2 + nH_2O + nN_2 + nO$$

$$C_7H_5N_3O_6 \longrightarrow 7CO_2 + 2\frac{1}{2}H_2O + nN_2 + nO$$

$$C_7H_5N_3O_6 \longrightarrow 7CO_2 + 2\frac{1}{2}H_2O + 1\frac{1}{2}N_2 + nO$$

$$C_7H_5N_3O_6 \longrightarrow 7CO_2 + 2\frac{1}{2}H_2O + 1\frac{1}{2}N_2 - 10\frac{1}{2}O \qquad [5.2]$$

为了使 TNT 燃烧的化学反应式平衡，氧之前使用了负号。因此，这表明 TNT 分子中没有足够的氧使其反应物完全氧化为水和二氧化碳。这个以质量百分数表示的氧量现在可用式（5.1）计算得到，其中碳的原子量为 12.0107，氢的原子量为 1.00794，氮的原子量为 14.00674，氧的原子量为 15.9994：

TNT 分子式（$C_7H_5N_3O_6$）

TNT 的相对分子质量 =（7 × 12.0107）+（5 × 1.00794）+（3 × 14.00674）+（6 × 15.9994）= 227.1312

产物中氧原子的总相对分子质量 $= -10\frac{1}{2} \times 15.9994 = -167.9937$

$$\text{释放或需补充的氧量} = \frac{-167.9937 \times 100}{227.1312} = -73.96\% \qquad (5.1)$$

另一种计算氧平衡的方法如式（5.2）所示。在此，一种通式为 $C_aH_bN_cO_d$，相对分子质量为 MW 的爆炸物，其氧平衡

$$\Omega = \frac{[d - (2a) - (b/2)] \times 1599.940}{MW} \qquad (5.2)$$

利用式（5.2）计算 RDX（$C_3H_6N_6O_6$）的氧平衡，结果为 −21.61%，如式（5.3）所示。

对 RDX 来说，$a=3$，$b=6$，$c=6$，$d=6$，有

$$MW = (3\times 12.0107)+(6\times 1.00794)+(6\times 14.00674)+(6\times 15.9994)$$
$$=222.117$$

$$\Omega = \frac{[6-(2\times 3)-(6/2)]\times 1599.940}{222.117} = -21.61\% \qquad (5.3)$$

一些爆炸物的平衡反应方程式和计算得到的氧平衡分别如表 5.1 和表 5.2所列。

表 5.1　一些爆炸物的平衡反应方程式

爆炸物	完全燃烧时的平衡反应式
硝酸铵	$NH_4NO_3 \longrightarrow 2H_2O + N_2 + 1O$
硝化甘油	$C_3H_5N_3O_9 \longrightarrow 3CO_2 + 2\frac{1}{2}H_2O + 1\frac{1}{2}N_2 + \frac{1}{2}O$
EGDN	$C_2H_4N_2O_6 \longrightarrow 2CO_2 + 2H_2O + N_2 + 0O$
PETN	$C_5H_8N_4O_{12} \longrightarrow 5CO_2 + 4H_2O + 2N_2 - 2O$
RDX	$C_3H_6N_6O_6 \longrightarrow 3CO_2 + 3H_2O + 3N_2 - 3O$
HMX	$C_4H_8N_8O_8 \longrightarrow 4CO_2 + 4H_2O + 4N_2 - 4O$
硝基胍	$CH_4N_4O_2 \longrightarrow CO_2 + 2H_2O + 2N_2 - 2O$
苦味酸	$C_6H_3N_3O_7 \longrightarrow 6CO_2 + 1\frac{1}{2}H_2O + 1\frac{1}{2}N_2 - 6\frac{1}{2}O$
特屈儿	$C_7H_5N_5O_8 \longrightarrow 7CO_2 + 2\frac{1}{2}H_2O + 2\frac{1}{2}N_2 - 8\frac{1}{2}O$
TATB	$C_6H_6N_6O_6 \longrightarrow 6CO_2 + 3H_2O + 3N_2 - 9O$
HNS	$C_{14}H_6N_6O_{12} \longrightarrow 14CO_2 + 3H_2O + 3N_2 - 19O$
TNT	$C_7H_5N_3O_6 \longrightarrow 7CO_2 + 2\frac{1}{2}H_2O + 1\frac{1}{2}N_2 - 10\frac{1}{2}O$

表 5.2　一些爆炸物的氧平衡

爆炸物	分子式	氧平衡/%（质量分数）
硝酸铵	NH_4NO_3	+19.99
硝化甘油	$C_3H_5N_3O_9$	+3.52
叠氮化银	AgN_3	0.00
EGDN	$C_2H_4N_2O_6$	0.00
叠氮化铅	PbN_6	−5.49
PETN	$C_5H_8N_4O_{12}$	−10.12
CL−20	$C_6H_6N_{12}O_{12}$	−10.95

（续）

爆炸物	分子式	氧平衡/%（质量分数）
TNAZ	$C_3H_4N_4O_6$	-16.66
雷酸汞	$HgC_2N_2O_2$	-16.86
斯蒂芬酸铅	$PbC_6H_3N_3O_9$	-18.79
FOX-12	$C_2H_7N_7O_5$	-19.13
FOX-7	$C_2H_4N_4O_4$	-21.61
RDX	$C_3H_6N_6O_6$	-21.61
HMX	$C_4H_8N_8O_8$	-21.61
硝化纤维素（14.14% N）	$C_6H_7N_3O_{11}$	-24.24
硝基胍	$CH_4N_4O_2$	-30.75
苦味酸	$C_6H_3N_3O_7$	-45.39
特屈儿	$C_7H_5N_5O_8$	-47.36
NTO	$C_2H_2N_4O_3$	-49.18
TATB	$C_6H_6N_6O_6$	-55.78
四氮烯	$C_2H_8N_{10}O$	-59.52
HNS	$C_{14}H_6N_6O_{12}$	-67.52
TNT	$C_7H_5N_3O_6$	-73.96

从表5.2可以看出，爆炸物有正氧平衡，也有负氧平衡。氧平衡提供了释放气体的类型信息。若氧平衡为负且值很大，则无足够的氧来形成二氧化碳，结果就会释放出一氧化碳等有毒气体。这对工业炸药而言非常重要，因为工业炸药应保持最小的有毒气体释放量。

氧平衡不能提供有关爆炸发生时能量变化的信息。通过计算爆炸物分解时释放的热量，即“爆热”，可以得知能量的变化。由于爆热的大小依赖于其产物的热力学状态，因此计算爆热需确定爆炸物的分解产物。起爆药和猛炸药通过爆轰完成分解过程，发射药和推进剂则通过燃烧完成分解过程。

5.2 分解反应

HMX（$C_4H_8N_8O_8$）的爆轰导致其分解产物的生成，这些产物可能是一氧化碳、二氧化碳、碳、水等，如反应式［5.3］所示。

$$C_4H_8N_8O_8 \longrightarrow 4CO + 4H_2O + 4N_2$$
或
$$C_4H_8N_8O_8 \longrightarrow 2CO_2 + 2C + 4H_2O + 4N_2$$
或
$$C_4H_8N_8O_8 \longrightarrow 2CO + 2CO_2 + 2H_2O + 2H_2 + 4N_2 \quad [5.3]$$
或
$$C_4H_8N_8O_8 \longrightarrow 3CO_2 + C + 2H_2O + 2H_2 + 4N_2$$
等

为了搞清楚有关分解产物的问题，第二次世界大战期间，Kistiakowsky 和 Wilson 提出了一组规则，也就是现在所熟知的“Kistiakowsky – Wilson 规则”（K – W 规则）。这些规则仅对氧平衡大于 –40.0 的适度缺氧的爆炸物适用。

5.2.1 Kistiakowsky – Wilson 规则

Kistiakowsky – Wilson 规则如表 5.3 所列。

表 5.3 Kistiakowsky – Wilson 规则

规则编号	条款
1	碳原子被转化为一氧化碳
2	若有氧剩余则氢就被氧化为水
3	若还有氧剩余则一氧化碳被氧化为二氧化碳
4	所有的氮均被转化为氮气

利用这些规则可以确定 HMX（$C_4H_8N_8O_8$）的分解产物，如表 5.4 所列。

表 5.4 利用 Kistiakowsky – Wilson 规则分析 HMX 的分解产物

规则编号	条款	产物
1	碳原子被转化为一氧化碳	$4C \longrightarrow 4CO$
2	若有氧剩余则氢就被氧化为水	$4O \longrightarrow 4H_2O$
3	若还有氧剩余则一氧化碳被氧化为二氧化碳	无更多氧
4	所有的氮均被转化为氮气	$8N \longrightarrow 4N_2$

HMX 分解总反应如反应式［5.4］所示。

$$C_4H_8N_8O_8 \longrightarrow 4CO + 4H_2O + 4N_2 \quad [5.4]$$

Kistiakowsky – Wilson 规则不能用于氧平衡低于 –40 的爆炸性材料。

在这些情况下需要使用改进的 Kistiakowsky - Wilson 规则。

5.2.2 改进的 Kistiakowsky - Wilson 规则

改进的 Kistiakowsky - Wilson 规则（改进的 K - W 规则）如表 5.5 所列。

表 5.5 改进的 Kistiakowsky - Wilson 规则

规则编号	条款
1	氢原子被转化为水
2	若有氧剩余则碳转化为一氧化碳
3	若仍有氧剩余则一氧化碳被氧化为二氧化碳
4	所有的氮被转化为氮气

利用改进的 Kistiakowsky - Wilson 规则所确定的 TNT（$C_7H_5N_3O_6$）的分解产物，如表 5.6 所列。

表 5.6 利用改进 Kistiakowsky - Wilson 规则确定的 TNT 分解产物

规则编号	条款	产物
1	氢原子被转化为水	$5H \longrightarrow 2\frac{1}{2}H_2O$
2	若有氧剩余则碳转化为一氧化碳	$3\frac{1}{2}O \longrightarrow 3\frac{1}{2}CO$
3	若仍有氧剩余则一氧化碳被氧化为二氧化碳	无更多氧
4	所有的氮被转化为氮气	$3N \longrightarrow 1\frac{1}{2}N_2$

TNT 分解的总反应如反应式［5.5］所示。

$$C_7H_5N_3O_6 \longrightarrow 3\frac{1}{2}CO + 3\frac{1}{2}C + 2\frac{1}{2}H_2O + 1\frac{1}{2}N_2 \qquad [5.5]$$

因而，爆炸性物质的分解反应可以利用 Kistiakowsky - Wilson 规则和改进的 Kistiakowsky - Wilson 规则这二者中的任一个来确定。表 5.7 和表 5.8 分别是利用Kistiakowsky - Wilson 规则和改进的 Kistiakowsky - Wilson 规则确定的一些爆炸物的分解反应方程式。

表 5.7 利用 Kistiakowsky - Wilson 规则确定的一些爆炸物的分解反应产物

爆炸物	分解反应产物
硝化甘油	$C_3H_5N_3O_9 \longrightarrow 3CO_2 + 2\frac{1}{2}H_2O + \frac{1}{2}O + 1\frac{1}{2}N_2$
EGDN	$C_2H_4N_2O_6 \longrightarrow 2CO_2 + 2H_2O + N_2$
PETN	$C_5H_8N_4O_{12} \longrightarrow 2CO + 3CO_2 + 4H_2O + 2N_2$

（续）

爆炸物	分解反应产物
CL－20	$C_6H_6N_{12}O_{12} \longrightarrow 3CO + 3CO_2 + 3H_2O + 6N_2$
TNAZ	$C_3H_4N_4O_6 \longrightarrow 2CO + CO_2 + 2H_2O + 2N_2$
FOX－12	$C_2H_7N_7O_5 \longrightarrow 2CO + 3H_2O + \frac{1}{2}H_2 + 3\frac{1}{2}N_2$
FOX－7	$C_2H_4N_4O_4 \longrightarrow 2CO + 2H_2O + 2N_2$
RDX	$C_3H_6N_6O_6 \longrightarrow 3CO + 3H_2O + 3N_2$
HMX	$C_4H_8N_8O_8 \longrightarrow 4CO + 4H_2O + 4N_2$
硝化纤维素（14.14%N）	$C_6H_7N_3O_{11} \longrightarrow 4\frac{1}{2}CO + 1\frac{1}{2}CO_2 + 3\frac{1}{2}H_2O + 1\frac{1}{2}N_2$
硝基胍	$CH_4N_4O_2 \longrightarrow CO + H_2O + H_2 + 2N_2$

表5.8 利用改进的Kistiakowsky－Wilson规则确定的一些爆炸物的分解反应产物

爆炸物	分解反应产物
苦味酸	$C_6H_3N_3O_7 \longrightarrow 5\frac{1}{2}CO + \frac{1}{2}C + 1\frac{1}{2}H_2O + 1\frac{1}{2}N_2$
特屈儿	$C_7H_5N_5O_8 \longrightarrow 5\frac{1}{2}CO + 1\frac{1}{2}C + 2\frac{1}{2}H_2O + 2\frac{1}{2}N_2$
NTO	$C_2H_2N_4O_3 \longrightarrow 2CO + H_2O + 2N_2$
TATB	$C_6H_6N_6O_6 \longrightarrow 3CO + 3C + 3H_2O + 3N_2$
四氮烯	$C_2H_8N_{10}O \longrightarrow \frac{1}{2}H_2O + 2C + 3\frac{1}{2}H_2 + 5N_2$
HNS	$C_{14}H_6N_6O_{12} \longrightarrow 9CO + 5C + 3H_2O + 3N_2$
TNT	$C_7H_5N_3O_6 \longrightarrow 3\frac{1}{2}CO + 3\frac{1}{2}C + 2\frac{1}{2}H_2O + 1\frac{1}{2}N_2$

Springall Roberts 规则是与 Kistiakowsky－Wilson 规则和改进的 Kistiakowsky－Wilson 规则不同的确定爆炸物分解反应产物的规则。

5.2.3 Springall Roberts 规则

Springall Roberts 规则利用未改进的 Kistiakowsky－Wilson 规则，加入了两个条款，如表5.9所列。

表 5.9 Springall Roberts 规则

规则编号	条款
1	碳原子被转化为一氧化碳
2	若有氧剩余则氢被氧化为水
3	若仍有氧剩余则一氧化碳被氧化为二氧化碳
4	所有的氮被转化为氮气
5	形成的 1/3 的一氧化碳被转化为碳和二氧化碳
6	1/6 的初始一氧化碳被转化形成碳和水

利用 Springall Roberts 规则确定的 TNT（$C_7H_5N_3O_6$）的分解反应产物，如表 5.10 所列。

表 5.10 利用 Springall Roberts 规则确定的 TNT 分解产物

规则编号	条款	产物
1	碳原子被转化为一氧化碳	$6C \longrightarrow 6CO$
2	若有氧剩余则氢被氧化为水	无更多氧
3	若仍有氧剩余则一氧化碳被氧化为二氧化碳	无更多氧
4	所有的氮被转化为氮气，这导致有方程式：$C_7H_5N_3O_6 \longrightarrow 6CO + C + 2\frac{1}{2}H_2 + 1\frac{1}{2}N_2$	$3N \longrightarrow 1\frac{1}{2}N_2$
5	形成的 1/3 的一氧化碳被转化为二氧化碳	$2CO \longrightarrow C + CO_2$
6	1/6 的初始一氧化碳被转化形成碳和水	$CO + H_2 \longrightarrow C + H_2O$

TNT 分解的总反应如反应式［5.6］所示。

$$C_7H_5N_3O_6 \longrightarrow 3CO + CO_2 + 3C + 1\frac{1}{2}H_2 + H_2O + 1\frac{1}{2}N_2 \qquad [5.6]$$

虽然这 3 个不同的确定分解产物的规则只是给出了对于分解产物的一种见解，它们并没有给出分解时能量释放的任何信息，而这些能量释放的信息在爆热的计算时却是必需的。尽管利用不同规则得到的产物不同，但这些规则可以作为一种指导，它们应用简单，并且确实给出了与实际情况相当近似的结果。

5.3 生成热

反应的生成热是指在恒压下，由纯物质的组成元素形成纯物质时吸收或释放的热，它通常被标记为 ΔH_f。一些在其分子中没有足够的氧使得氧化完全的爆炸物，例如 TNT，会产生一氧化碳、碳和氢气等产物。在形成这些产物的过程中所释放的能量就是“爆热”。若将这些产物隔离并在过量的氧条件下燃烧，生成二氧化碳、水等物质所产生的热量加上爆热应等于“燃烧热”。因此对于没有足够的氧来使氧化完全的物质，其燃烧热的值比爆热的值高。对正氧平衡的爆炸物，例如硝化甘油，爆热和燃烧热的值基本相同。

生成热的值可正可负。若为负值，则反应过程中放出热量，即为放热反应；如果其值为正，则反应过程中吸收热量，即为吸热反应。有爆炸物组分参与的反应总是放热反应。在放热反应中能量可以多种形式释放，但实际使用中，能量通常以热的形式获得。爆炸物爆燃时释放的能量称为“爆燃热”，而爆轰时释放的能量则称为“爆轰热”，单位为 kJ/mol，或称为“爆热”，单位为 kJ/kg。

在涉及爆炸物的化学反应中，首先需要提供能量使爆炸物的化学键断裂，分解成其组成元素。RDX 的反应式如式［5.7］所示。

$$C_3H_6N_6O_6 \longrightarrow 3C + 3H_2 + 3N_2 + 3O_2 \qquad [5.7]$$

这些元素迅速形成新的化学键，同时释放更多的能量，如反应式［5.8］所示。

$$3C + 3H_2 + 3N_2 + 3O_2 \longrightarrow 3CO + 3H_2O + 3N_2 \qquad [5.8]$$

为了使其原子间化学键断裂，爆炸物分子首先通过输入的“原子化热”使其达到高能阶状态。然后原子重组成为新的分子，释放出更多的热，达到比初始能阶更低的状态，如图 5.1 所示。

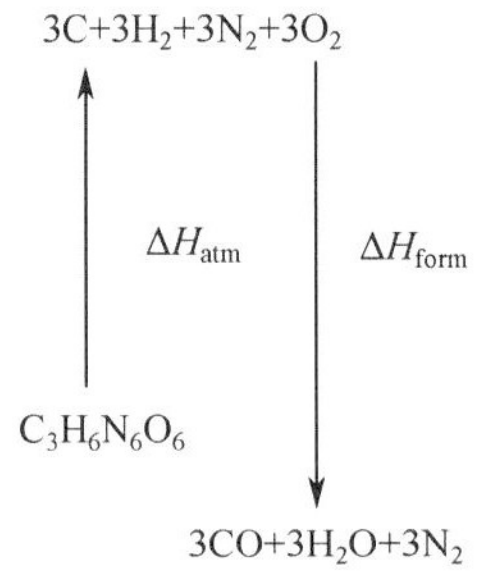

图 5.1　首先吸收能量使得 RDX 化学键断裂形成组成原子，然后形成新的化学键并释放能量

图 5.1 所示的热力学路径很可能与“动力学路径”并不相同。例如，反应可能分几个阶段进行，并会涉及反应链的复杂体系等。然而，释放的能量只与初始阶段和最终阶段的状态有关，与中间阶段的状态无关。一旦反应完成，最终释放的净热量完全等同于一开始反应物分子分解成其组成原子，然后直接反应形成最终产物所释放的热量（盖斯定律）。一些起爆药和猛炸药的生成热如表 5.11 所列。

表 5.11　一些起爆药和猛炸药的生成热

爆炸物	分子式	MW	ΔH_f/（kJ/kg）	ΔH_f/（kJ/mol）
起爆药				
雷酸汞	$HgC_2N_2O_2$	284.624	+941.56	+267.99
斯蒂芬酸铅	$PbC_6H_3N_3O_9$	468.305	-1786.87	-836.80
叠氮化铅	PbN_6	291.240	+1609.02	+468.61
叠氮化银	AgN_3	149.888	+2060.07	+308.78
四氮烯	$C_2H_8N_{10}O$	188.152	+1005.15	+189.12
猛炸药				
硝化甘油	$C_3H_5N_3O_9$	227.087	-1632.41	-370.70
硝化纤维素（14.14% N）	$C_6H_7N_3O_{11}$	297.107	-2196.72	-652.66
EGDN	$C_2H_4N_2O_6$	152.064	-1639.90	-249.37
PETN	$C_5H_8N_4O_{12}$	316.138	-1678.16	-530.53
RDX	$C_3H_6N_6O_6$	222.117	+316.45	+70.29
HMX	$C_4H_8N_8O_8$	296.156	+253.31	+75.02
硝基胍	$CH_4N_4O_2$	104.068	-884.52	-92.05
苦味酸	$C_6H_3N_3O_7$	229.106	-935.59	-214.35
特屈儿	$C_7H_5N_5O_8$	287.145	+118.02	+33.89
TATB	$C_6H_6N_6O_6$	258.150	-597.25	-154.18
NTO	$C_2H_2N_4O_3$	130.062	-775.02	-100.80
TNAZ	$C_3H_4N_4O_6$	192.088	+175.13	+33.64
CL-20	$C_6H_6N_{12}O_{12}$	438.187	+848.95	+372.00
FOX-12	$C_2H_7N_7O_5$	209.121	-1697.58	-355.00
FOX-7	$C_2H_4N_4O_4$	148.078	-877.92	-130.00
HNS	$C_{14}H_6N_6O_{12}$	450.235	+173.78	+78.24
TNT	$C_7H_5N_3O_6$	227.133	-273.28	-62.07

5.4　爆　热

当爆炸物被引发至燃烧或爆轰时，其能量以热的形式释放。绝热条件下释放的热量称为“爆热”，用字母 Q 表示。爆热提供了有关爆炸物做功能力的信息，高能火药和猛炸药的 Q 值通常都较高。对于在枪炮膛内燃烧的发射药以及在爆炸装置中的猛炸药，爆热常用定容条件下的爆热 Q_V 表示。对于在火箭发动机的燃烧室中燃烧的火箭推进剂，气体可自由膨胀扩散至大气，这时通常适用定压条件。这种情况下的爆热用 Q_p 表示。

考察爆炸物被一种轻微热激励引发时的情形，爆炸过程可用图 5.2 所示的不可逆过程表示，其中，Q 值是最终向环境散失的热量。

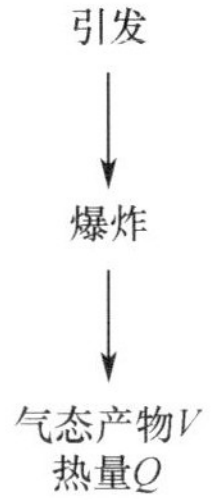

图 5.2　不可逆爆炸过程示意图

定容条件下，Q_V 可以用产物的标准生成内能 $\Delta U^{\theta}_{f(products)}$ 和爆炸物组分的标准生成内能 $\Delta U^{\theta}_{f(explosive\quad components)}$ 计算得到，如式（5.4）所示。

$$Q_V = \sum \Delta U^{\theta}_{f(products)} - \sum \Delta U^{\theta}_{f(explosive\quad components)} \tag{5.4}$$

对于定压条件下的爆热也可用类似的表达式表示，见式（5.5）

$$Q_p = \sum \Delta H^{\theta}_{f(products)} - \sum \Delta H^{\theta}_{f(explosive\quad components)} \tag{5.5}$$

式中，ΔH^{θ}_{f} 表示相对应的标准生成焓。

在研究固态和液态爆炸物的热化学时，为了便于实际应用，通常可以认为状态函数 ΔH 和 ΔU 是相同的。因此，热量或焓均可用于定压或定容条件时的计算。

所以，可以用爆炸产物生成能的总和与爆炸物组分生成能的总和之差来计算爆热 Q，如式（5.6）所示。

$$Q = \Delta H_{(reaction)} = \sum \Delta H_{f(products)} - \sum \Delta H_{f(explosive\quad components)} \tag{5.6}$$

由于没有考虑装填密度、温度、压力等因素，计算值并不能与实验值完全符合。

Q 值的单位为 kJ/kg，通常由爆轰热 ΔH_d 导出，其单位为 kJ/mol。RDX 的爆轰热可用盖斯定律表达，如图 5.3 所示。

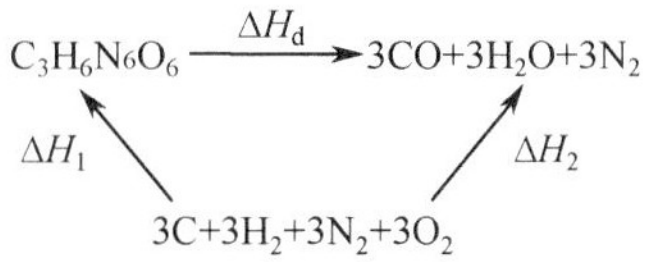

图 5.3　利用盖斯定律表示的 RDX 爆轰焓变

利用图 5.3，RDX 的爆轰热可以通过式（5.7）计算得到：

RDX 的生成热 = ΔH_f（RDX） = +70.29kJ/mol

一氧化碳的生成热 = ΔH_f（CO） = −110.525kJ/mol

气态水的生成热 = ΔH_f（$H_2O_{(g)}$） = −241.830kJ/mol

因此，$\Delta H_1 = \Delta H_f$（RDX） = +70.29kJ/mol

$$\begin{aligned}\Delta H_2 &= [3 \times \Delta H_f(CO)] + [3 \times \Delta H_f(H_2O_{(g)})]\\ &= [3 \times (-110.525)] + [3 \times (-241.830)]\\ &= -1057.065\text{kJ/mol}\end{aligned}$$

$$\Delta H_d = \Delta H_2 - \Delta H_1 = -1057.065 - (+70.29) = -1127.355\text{kJ/mol} \tag{5.7}$$

RDX 的爆轰热为 −1127.355 kJ/mol。其值可以转换为爆热 Q，如式（5.8)所示，其中 MW 为 RDX 的相对分子质量：

$$Q = \frac{\Delta H_d \times 1000}{\text{MW}} = \frac{-1127.355 \times 1000}{222.117} = -5075.50\text{kJ/kg} \tag{5.8}$$

另一个例子是 PETN 爆热的计算，如图 5.4 和式（5.9）所示。

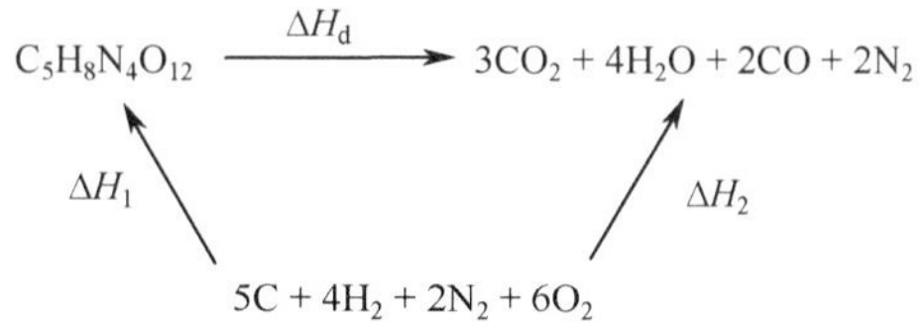

图 5.4　利用盖斯定律表示的 PETN 的爆轰焓变

$\Delta H_d = \Delta H_2 - \Delta H_1$

ΔH_f(PETN) = −530.53kJ/mol

ΔH_f(CO) = −110.525kJ/mol

ΔH_f(CO_2) = −393.509kJ/mol

ΔH_f($H_2O_{(g)}$) = −241.830kJ/mol

因此，$\Delta H_1 = \Delta H_f$(PETN) = −530.53kJ/mol

$$\begin{aligned}\Delta H_2 &= [2 \times \Delta H_f(CO)] + [3 \times \Delta H_f(CO_2)] + [4 \times \Delta H_f(H_2O_{(g)})]\\ &= [2 \times (-110.525)] + [3 \times (-393.509)] + [4 \times (-241.830)]\\ &= -2368.897\text{kJ/mol}\end{aligned}$$

$$\Delta H_d = \Delta H_2 - \Delta H_1 = -2368.897 - (-530.53) = -1838.367\text{kJ/mol}$$

$$Q = \frac{\Delta H_d \times 1000}{\text{MW}} = \frac{-1838.367 \times 1000}{316.138} = -5815.078\text{kJ/kg} \tag{5.9}$$

爆炸物的 Q 值越高，则爆炸时产生的热量越多。表 5.12 所列为一些起爆药和猛炸药的爆轰热和爆热的计算值。爆热值的负号只表示反应是放热反应，因而通常被省略掉。

从表 5.12 可以看出，猛炸药爆炸时产生的热量远多于起爆药爆炸时产生的热量。

表 5.12　利用 K-W 规则和改进的 K-W 规则计算的一些起爆药和猛炸药在定容条件下的爆热和爆轰热，$\Delta H_f(H_2O)$ 为气态下的焓变。

爆炸物	分子式	ΔH_d/（kJ/mol）	Q_V/（kJ/kg）
起爆药			
雷酸汞	$HgC_2N_2O_2$	-500.00	1756.70
斯蒂芬酸铅	$PbC_6H_3N_3O_9$	-868.00	1853.49
叠氮化铅	PbN_6	-469.00	1610.36
四氮烯	$C_2H_8N_{10}O$	-310.04	1647.79
猛炸药			
硝化甘油	$C_3H_5N_3O_9$	-1414.40	6228.46
硝化纤维素（14.14% N）	$C_6H_7N_3O_{11}$	-1281.37	4312.84
EGDN	$C_2H_4N_2O_6$	-1021.31	6716.30
PETN	$C_5H_8N_4O_{12}$	-1838.37	5815.08
RDX	$C_3H_6N_6O_6$	-1127.36	5075.50
HMX	$C_4H_8N_8O_8$	-1484.44	5012.30
硝基胍	$CH_4N_4O_2$	-260.31	2501.36
苦味酸	$C_6H_3N_3O_7$	-756.28	3301.02
特屈儿	$C_7H_5N_5O_8$	-1246.35	4340.50
TATB	$C_6H_6N_6O_6$	-902.89	3497.52
NTO	$C_2H_2N_4O_3$	-362.08	2783.90
TNAZ	$C_3H_4N_4O_6$	-1131.86	5891.01
CL-20	$C_6H_6N_{12}O_{12}$	-2609.59	5955.43
FOX-12	$C_2H_7N_7O_5$	-591.54	2828.70
FOX-7	$C_2H_4N_4O_4$	-574.71	3881.13
HNS	$C_{14}H_6N_6O_{12}$	-1798.46	3994.48
TNT	$C_7H_5N_3O_6$	-929.34	4091.63

氧平衡的影响

氧平衡对爆热的影响如图 5.5 所示。

氧平衡为零时，爆热达到最大值，因为这对应于碳氧化为二氧化碳，氢氧化为水的化学计量比。因此可以利用氧平衡来优化爆炸物组成，使其氧平衡尽可能地接近零。例如，TNT 的氧平衡为 -73.96，因此 TNT 的氧十分不足，而混入 79% 的氧平衡为 +19.99 的硝酸铵后，TNT 的氧平衡就降为零，从而增加了爆热值。

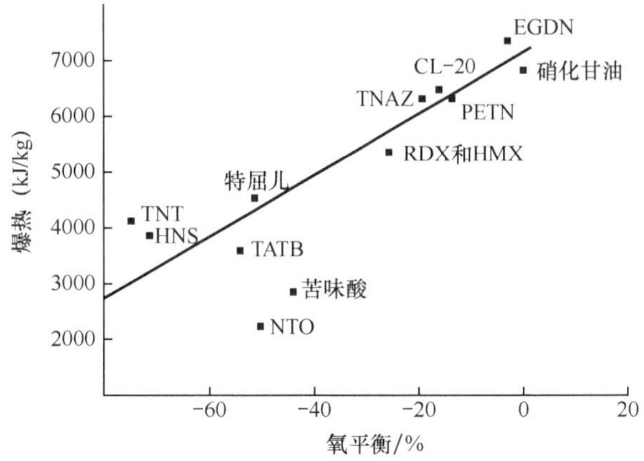

图 5.5　氧平衡对爆热的影响

5.5　爆炸气态产物体积

爆炸时产生的气体体积可以提供有关爆炸物做功多少的信息。因为在不同的测试温度下，气体体积将会变化，所以，为了测量生成的气体体积，需要建立标准条件。这些标准条件也使得不同爆炸物之间可以进行比较。国际理论和应用化学联合会（IUPAC）设定的标准条件是温度为0℃或273K，压力为1atm。这些条件被称为“标准温度和压力”，即“stp”。在此标准条件下，1 摩尔气体占有的体积为 22.4dm^3，即气体摩尔体积。爆炸物爆轰时所产生的气体体积 V 可以通过其分解反应式计算得到，从这个反应式里可以获知有关放出气体量的信息。下面给出 RDX 和 TNT 爆轰时气态产物体积 V 的计算示例。

利用 K－W 规则得到 RDX 爆炸反应方程式如反应式［5.9］所示。

$$C_3H_6N_6O_6 \longrightarrow 3CO + 3H_2O + 3N_2 \quad [5.9]$$

由于爆炸时温度非常高，产物水会变为水蒸气，因此应把水视为气态产物。从反应式［5.9］可以看出 1 摩尔的 RDX 产生了 9 摩尔的气体。因此，9 摩尔气体占有体积为 201.6dm^3，在标准条件下 1gRDX 会产生 0.908dm^3/g（908cm^3/g）气体，如式（5.10）所示。

1mol 气体标准状态下占有体积为 22.4dm^3，则

9mol 气体体积为 $22.4 \times 9 = 201.6dm^3$

因此，1mol RDX 产生 201.6dm^3 的气体，即

$$1g\ RDX\ 产生\frac{201.6}{222} = 0.908dm^3/g \quad (5.10)$$

式中：RDX 的相对分子质量为 222。

利用改进的 K－W 规则得到的 TNT 爆炸反应方程式如反应式［5.10］所示。

$$C_7H_5N_3O_6 \longrightarrow 3\frac{1}{2}CO + 3\frac{1}{2}C + 2\frac{1}{2}H_2O + 1\frac{1}{2}N_2 \qquad [5.10]$$

1 摩尔 TNT 产生 $7\frac{1}{2}$摩尔气体，占有体积为 168 dm^3，而 1g TNT 产生标准状态下 0.740 dm^3/g（740 cm^3/g）气体，如式（5.11）所示。

$7\frac{1}{2}$摩尔气体体积为 $22.4\times7\frac{1}{2}=168\ dm^3$，

因此 1mol TNT 产生 168 dm^3 的气体。

$$1g\ TNT\ 产生\frac{168}{227}=0.740dm^3/g \qquad (5.11)$$

式中：TNT 的相对分子质量为 227。

表 5.13 是一些爆炸物在标准温度和压力（stp）下产生的气体体积的计算结果。

表 5.13　标准温度和压力下一些爆炸物产生的气体体积的计算值

爆炸物	分解产物	$V/(dm^3/kg)$
硝化甘油	$3CO_2+2\frac{1}{2}H_2O+\frac{1}{2}O+1\frac{1}{2}N_2$	739.80
硝化纤维素（14.14% N）	$4\frac{1}{2}CO+1\frac{1}{2}CO_2+3\frac{1}{2}H_2O+1\frac{1}{2}N_2$	821.79
EGDN	$2CO_2+2H_2O+N_2$	736.53
PETN	$2CO+3CO_2+4H_2O+2N_2$	779.41
RDX	$3CO+3H_2O+3N_2$	907.63
HMX	$4CO+4H_2O+4N_2$	907.63
硝基胍	$CO+H_2O+H_2+2N_2$	1076.22
苦味酸	$5\frac{1}{2}CO+\frac{1}{2}C+1\frac{1}{2}H_2O+1\frac{1}{2}N_2$	831.06
特屈儿	$5\frac{1}{2}CO+1\frac{1}{2}C+2\frac{1}{2}H_2O+2\frac{1}{2}N_2$	819.90
TATB	$3CO+3C+3H_2O+3N_2$	780.94
NTO	$2CO+H_2O+2N_2$	861.13
TNAZ	$2CO+CO_2+2H_2O+2N_2$	816.29
CL－20	$3CO+3CO_2+3H_2O+6N_2$	766.80
FOX－12	$2CO+3\ H_2O+\frac{1}{2}H_2+3\frac{1}{2}N_2$	964.04
FOX－7	$2CO+2H_2O+2N_2$	907.63
HNS	$9CO+5C+3H_2O+3N_2$	746.28
TNT	$3\frac{1}{2}CO+3\frac{1}{2}C+2\frac{1}{2}H_2O+1\frac{1}{2}N_2$	739.65

5.6 爆炸威力、威力指数及 TNT 当量

爆炸反应会产生热量，并释放气体。气体体积 V 和爆热 Q 都可以通过各自独立的计算得到，但是，将这两个物理量结合起来，可以计算出爆炸威力的大小，如式（5.12）所示。

$$爆炸威力 = Q \times V \tag{5.12}$$

该爆炸威力值与标准炸药（苦味酸）的爆炸威力相比，可得出威力指数，如式（5.13）所示。

$$威力指数 = \frac{Q \times V}{Q_{(苦味酸)} \times V_{(苦味酸)}} \times 100 \tag{5.13}$$

其中 $Q_{(苦味酸)}$ 和 $V_{(苦味酸)}$ 的值分别为 3301.02kJ/kg 和 831.06dm^3/kg

“TNT 当量”这一术语是一种归一化技术，用以把一种炸药的性质与 TNT 标准进行相当性比较。有很多方法计算“TNT 当量”。因为没有定义所考虑问题的性质和等量的基础，这个术语经常被滥用。式（5.14）把炸药的爆炸威力与 TNT 的爆炸威力进行了比较。

$$TNT 当量 = \frac{Q \times V}{Q_{(TNT)} \times V_{(TNT)}} \tag{5.14}$$

表 5.14 所列为一些起爆药及猛炸药的威力指数和 TNT 当量。

表 5.14　一些起爆药及猛炸药的威力指数和 TNT 当量

爆炸物	Q_V/(kJ/kg)	V/(dm^3/kg)	$Q \times V \times 10^4$/(kJ·dm^3/kg^2)	威力指数/%	TNT 当量
起爆药					
雷酸汞	1756.70	215	37.77	13.77	0.12
斯蒂芬酸铅	1853.49	301	55.79	20.34	0.19
叠氮化铅	1610.36	218	35.11	12.80	0.16
猛炸药					
硝化甘油	6228.46	739.80	460.78	167.97	1.52
硝化纤维素（14.14% N）	4312.84	821.79	354.42	129.19	1.17
EGDN	6716.30	736.53	494.68	180.32	1.63
PETN	5815.08	779.41	453.23	165.21	1.50
RDX	5075.50	907.63	460.67	167.92	1.52
HMX	5012.30	907.63	454.99	165.85	1.50
硝基胍	2501.36	1076.22	269.20	98.13	0.89
苦味酸	3301.02	831.06	274.33	100.00	0.91

（续）

爆炸物	Q_V/（kJ/kg）	V/（dm^3/kg）	$Q \times V \times 10^4$/（kJ·dm^3/kg^2）	威力指数/%	TNT 当量
特屈儿	4340.50	819.90	355.88	129.73	1.18
TATB	3497.52	780.94	273.13	99.56	0.90
NTO	2783.90	861.13	239.73	87.39	0.79
TNAZ	5891.01	816.29	480.88	175.29	1.59
CL－20	5955.43	766.80	456.66	166.46	1.51
FOX－12	2828.70	964.04	272.70	99.41	0.90
FOX－7	3881.13	907.63	352.26	128.41	1.16
HNS	3994.48	746.28	298.10	108.66	0.98
TNT	4091.63	739.65	302.64	110.32	1.00

和预期一样，猛炸药的威力指数和TNT当量比起爆药高得多。

5.7 化学爆炸的温度

当爆炸物爆轰时，反应非常快，一开始，气体根本来不及膨胀。爆炸过程中释放的热量会升高气体温度，从而引起气体膨胀，向周围做功，产生一个“推和举”的作用。这一热能对气体的作用可用于计算爆温。

爆温 T_e 是爆炸产物在绝热条件下所能达到的最高温度。这里假设爆炸物在初始温度 T_i 下转变为气态产物，其温度也处于初始温度 T_i，然后，爆热 Q 使这些气态产物的温度升高到 T_e。因此，T_e 的值依赖于 Q 值的大小和气态产物各自的摩尔热容，如式（5.15）所示。

$$Q = \sum \int_{T_i}^{T_e} C_V \mathrm{d}T \tag{5.15}$$

其中 C_V 是产物的定容摩尔热容，$\sum$ 是对应于混合气体各组分的热容积分之和。

气体温度的升高可以用产生的热量 Q 除以气体平均定容摩尔热容的和 $\sum C_V$ 计算得到，如式（5.16）所示。

$$T_e = \frac{Q}{\sum C_V} + T_i \tag{5.16}$$

其中 T_i 是初始温度。

遗憾的是，气态产物的热容会随着温度的变化呈非线性变化，温度与 C_V 之间的关系并不简单。不同温度下一些气态产物的平均摩尔热容如表5.15所列。

表 5.15　平均定容摩尔热容（单位：J/(mol·K)）

温度/K	CO_2	CO	H_2O	H_2	N_2
2000	45.371	25.037	34.459	22.782	24.698
2100	45.744	25.204	34.945	22.966	24.866
2200	46.087	25.359	35.413	23.146	25.025
2300	46.409	25.506	35.865	23.322	25.175
2400	46.710	25.640	36.292	23.493	25.317
2500	46.991	25.769	36.706	23.665	25.451
2600	47.258	25.895	37.104	23.832	25.581
2700	47.509	26.012	37.485	23.995	25.703
2800	47.744	26.121	37.849	24.154	25.820
2900	47.965	26.221	38.200	24.309	25.928
3000	48.175	26.317	38.535	24.260	26.029
3100	48.375	26.409	38.861	24.606	26.129
3200	48.568	26.502	39.171	24.748	26.225
3300	48.748	26.589	39.472	24.886	26.317
3400	48.924	26.669	39.761	25.025	26.401
3500	49.091	26.744	40.037	25.158	26.481
3600	49.250	26.819	40.305	25.248	26.560
3700	49.401	26.891	40.560	25.405	26.635
3800	49.546	26.962	40.974	25.527	26.707
3900	49.690	27.029	41.045	25.644	26.778
4000	49.823	27.091	41.271	25.757	26.845
4500	50.430	27.372	42.300	26.296	27.154
5000	50.949	27.623	43.137	26.769	27.397

利用这些信息可以计算不同温度下爆炸所释放的热量。然后，T_e 可以通过 T_e 对 Q 作图确定。下面是一个例子。

RDX 的爆轰热 ΔH 已在前面计算得到，其值为 1127.36kJ/mol。这一热量使 1mol 气态产物的温度从初始温度 T_i 升高到最终温度 T_e。假设爆温 T_e 等于 3500K，并且初始温度等于 300K。在 3500K 的温度下 RDX 爆炸产生的热量可以用气态产物在 3500K 时的平均摩尔热容计算得到，如式（5.17）所示。

利用表 5.15，3500K 时平均摩尔热容：

$C_V(CO) = 26.744 J/(mol \cdot K)$

$C_V(H_2O)=40.037\mathrm{J/(mol\cdot K)}$

$C_V(N_2)=26.481\mathrm{J/(mol\cdot K)}$

RDX 在 3500K 时爆炸产生的热量 $=Q_{3500K}=(\sum C_V)\times(T_e-T_i)$，即

$$Q_{3500K}=[(3\times26.744)+(3\times40.037)+(3\times26.481)]\times(3500-300)$$
$$=895315\mathrm{J/mol}=895.3\mathrm{kJ/mol} \qquad (5.17)$$

Q_{3500K}的计算值为 895.3kJ/mol，远低于 RDX 爆炸时已知的释放热量 1127.36kJ/mol，因此爆温应该更高。现在假设 T_e 为 4500K，在此温度下，计算得到的 RDX 爆炸释放出的热量为 1220.0kJ/mol，如式(5.18)所示。

4500K 时的平均摩尔热容为

$C_V(CO)=27.372\ \mathrm{J/(mol\cdot K)}$

$C_V(H_2O)=42.300\ \mathrm{J/(mol\cdot K)}$

$C_V(N_2)=27.154\ \mathrm{J/(mol\cdot K)}$

4500K 时 RDX 爆炸释放的热量为

$$Q_{4500K}=[(3\times27.372)+(3\times42.300)+(3\times27.154)]\times(4500-300)=$$
$$1220007.6\mathrm{J/mol}=1220.0\mathrm{kJ/mol} \qquad (5.18)$$

由于已知 RDX 爆炸时释放的热量为 1127.36 kJ/mol，上述计算的 Q_{4500K}太高。通过在不同温度 T_e 下计算 Q 值，可以绘制 $Q-T_e$ 图，并可获得 T_e 的准确值，如图 5.6 所示。

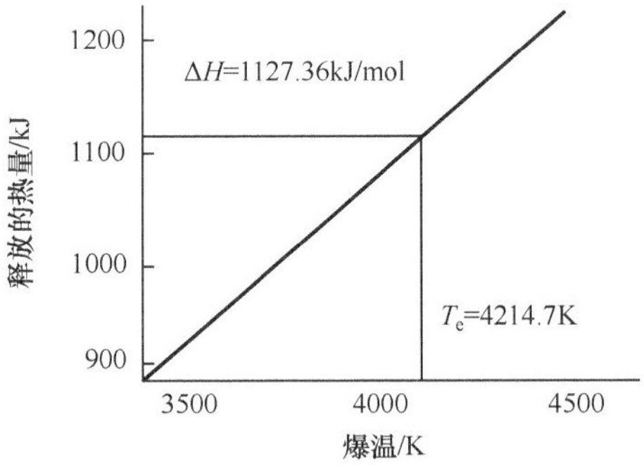

图 5.6　在不同爆温 T_e 时 RDX 爆炸释放的热量 Q 的计算值

根据图 5.6 中所作的图，RDX 的爆温约为 4215K。

5.8　混合炸药组成

大多数火炸药成分中包含多种组分的混合物，以便优化其性能。有些组分可能不会增加释放的热量，甚至也可能不含氧。然而，这些材料有可能会增加产气量，降低炸药爆轰或火药燃烧时的实际温

度。例如，一种典型的混合炸药组分包含60%的RDX和40%的TNT，其爆热 Q 得到了优化。为了计算该混合炸药的 Q 值和 V 值，需要确定其氧平衡和分解反应。但在此计算之前必须确立该混合物的原子组成。

5.8.1 混合炸药的原子组成

60% RDX 和 40% TNT 混合炸药的原子组成计算如图 5.7 所示。

爆炸物	分子式	质量分数	相对分子质量	1g 混合物的摩尔比	1g 混合炸药的原子物质的量			
					C	H	O	N
RDX	$C_3H_6N_6O_6$	0.6	222.117	$\frac{0.6}{222.117}=0.00270$	0.00810	0.01620	0.01620	0.01620
TNT	$C_7H_5N_3O_6$	0.4	227.133	$\frac{0.4}{227.133}=0.00176$	0.01232	0.00880	0.00528	0.01056
				总量	0.02042	0.02500	0.02148	0.02676

图 5.7 60% RDX 和 40% TNT 混合炸药的原子组成计算

根据计算所得的原子组成，该混合炸药的实验式表达为 $C_{0.0204}H_{0.0250}N_{0.0215}O_{0.0268}$。

5.8.2 氧平衡

氧平衡可用式（5.19）计算得到：

$$\Omega=\frac{[d-(2a)-(b/2)]\times 1600}{M} \tag{5.19}$$

$$\Omega=\frac{[0.0268-(2\times 0.0204)-(0.0250/2)]\times 1600}{1}=-42$$

对于二元混合物，Ω 的计算值直接与每个组分的含量及其各自的 Ω 值成比例，即

$$\Omega=\Omega_1 f_1+(1-f_1)\Omega_2 \tag{5.20}$$

$$\Omega=(-21.6\times 0.6)+(1-0.6)(-74)$$

$$\Omega=-42$$

式中：Ω_1，f_1 分别为第一组分（如 RDX）的氧平衡和质量分数；Ω_2 为第二组分（如 TNT）的氧平衡。

5.8.3 分解反应

应用改进的 Kistiakowsky - Wilson 规则可以确定混合炸药的分解反应产

物，如表5.16所列。

表5.16 应用改进的Kistiakowsky - Wilson规则确定的含有60% RDX和40% TNT混合炸药的分解产物

规则编号	条款	产物
1	氢原子转化为水	$0.0250H \longrightarrow 0.0125H_2O$
2	若有氧剩余则碳原子转化为一氧化碳	$0.0143O \longrightarrow 0.0143CO$
3	若仍有氧剩余则一氧化碳被氧化为二氧化碳	无氧剩余
4	所有的氮转化为氮气，N_2	$0.0215N \rightarrow 0.01075N_2$

含有60% RDX和40% TNT混合炸药的总分解反应如反应式［5.11］所示。

$$C_{0.0204}H_{0.0215}N_{0.0215}O_{0.0268} \longrightarrow 0.0143CO + 0.0061C + 0.0125H_2O + 0.01075N_2 \quad [5.11]$$

5.8.4 爆热

混合炸药的爆热可从其组分和产物的生成热计算得到，如图5.8所示。

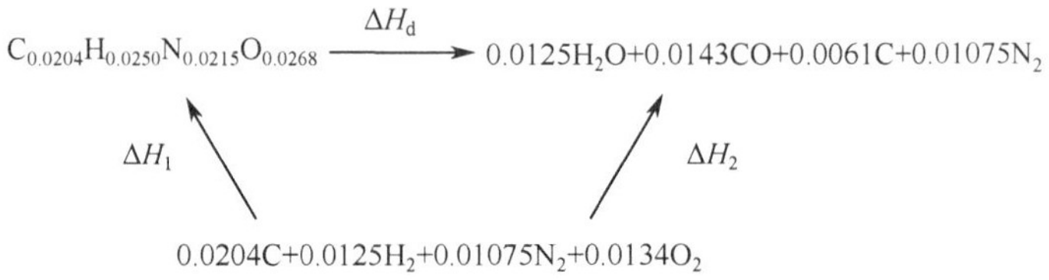

图5.8 含60% RDX和40% TNT的混合炸药的爆轰焓变

利用图5.8中的示意图可以计算含60% RDX和40% TNT混合炸药的爆轰热，如式（5.21）所示。

$$\Delta H_d = \Delta H_2 - \Delta H_1$$

$$\Delta H_f(RDX) = +70.29kJ/mol$$

$$\Delta H_f(TNT) = -62.07kJ/mol$$

$$\Delta H_f(CO) = -110.525kJ/mol$$

$$\Delta H_f(H_2O)_{(g)} = -241.830kJ/mol$$

$$\Delta H_1 = \Delta H_f(C_{0.0204}H_{0.0250}N_{0.0215}O_{0.0268})$$

$$\Delta H_1 = [0.0027 \times \Delta H_f(RDX)] + [0.00176 \times \Delta H_f(TNT)]$$

$$= [0.0027 \times (+70.29)] + [0.00176 \times (-62.07)] = +0.08054kJ$$

$$\Delta H_2 = [0.0143 \times \Delta H_f(CO)] + [0.0125 \times \Delta H_f(H_2O_{(g)})]$$

$$= [0.0143 \times (-110.525)] + [0.0125 \times (-241.830)] =$$

-4.6034kJ

$$\Delta H_d = \Delta H_2 - \Delta H_1 = -4.6034 - (+0.08054) = -4.684\text{kJ} \qquad (5.21)$$

1g 含 60% RDX 和 40% TNT 的混合炸药的爆轰热计算值为 −4.684kJ。计算得到爆热 Q 为4684kJ/kg，如式（5.22）所示，其中 M 为 1g：

$$Q = \frac{\Delta H_d \times 1000}{M} = \frac{-4.684 \times 1000}{1} = -4684\text{kJ/kg} \qquad (5.22)$$

5.8.5 气态产物体积

混合炸药爆炸时产生的气态产物在标准温度和压力（stp）下的体积可根据爆炸时的反应方程式计算得出，如反应式［5.12］所示。

$$C_{0.0204}H_{0.0250}N_{0.0215}O_{0.0268} \longrightarrow 0.0143CO + 0.0061C + 0.0125H_2O + 0.01075N_2 \qquad [5.12]$$

从反应式［5.12］可以看出，1g 混合炸药可以产生 0.03755mol 的气体，占有体积为 $0.841\text{dm}^3/\text{g}$，如式（5.23）所示。

1g 气态产物含有 0.03755mol。

1g 气态产物所占的体积为

$$22.4 \times 0.03755 = 0.841\text{dm}^3/\text{g} \qquad (5.23)$$

因此，含 60% RDX 和 40% TNT 的混合炸药的 Q 值为 4684kJ/kg，V 值为 841 dm^3/kg，威力指数等于 143.59%，TNT 当量为 1.30。

5.9 高能炸药

在混合炸药中加入另一种具有较高燃烧热 ΔH_c 的燃料可以提高爆热值 Q。在元素周期表中较轻的元素中可以找到这类燃料，如表 5.17 所列。

表 5.17 一些较轻元素的燃烧热

元素	相对原子量	ΔH_c/（kJ/mol）	ΔH_c/（kJ/g）
铍	9.0	−602.1	−66.9
硼	10.8	−635.0	−58.8
锂	6.9	−293.9	−42.6
铝	27.0	−834.3	−30.9
镁	24.3	−602.6	−24.8
硫	32.1	−295.3	−9.2
锌	65.4	−353.2	−5.4

铍是固态元素中燃烧热最高的元素，其次是硼和铝。铝是相对便宜且又很有用的元素，常用于提高混合炸药的性能，例如含铝硝酸铵和含铝

TNT。铝也被用于一些工业爆破炸药中，尤其是以水为基的含有大量硝酸铵的浆状炸药。

铝的添加

铝的氧化过程是强放热反应，放出1590kJ的热量，如反应式［5.13］所示。

$$2Al(S) + 1\frac{1}{2}O_2(g) \longrightarrow Al_2O_3(s) \qquad \Delta H_c = -1590kJ \quad [5.13]$$

在混合炸药中，铝常和气态产物反应，特别是在没有自由氧存在的缺氧混合炸药中，如反应式［5.14］所示。

$$3CO_2(g) + 2Al(s) \longrightarrow 3CO(g) + Al_2O_3(s) \qquad \Delta H_c = -741kJ$$
$$3H_2O(g) + 2Al(s) \longrightarrow 3H_2(g) + Al_2O_3(s) \qquad \Delta H_c = -866kJ$$
$$3CO(g) + 2Al(s) \longrightarrow 3C(s) + Al_2O_3(s) \qquad \Delta H_c = -1251kJ \quad [5.14]$$

前两个反应式中的气体体积并没有改变。其结果是，铝的氧化使放出的热量增加，从而延长了高压的持续时间。在混合炸药中这种效应常用于空中爆炸、起重和抛射或大型水下爆炸气泡。然而，混合炸药中可以加入的铝的含量是有限度的，如表5.18所列。

表5.18　TNT/Al体系中加入铝对爆热和气态产物体积的影响(数据均由试验测得)

铝/百分含量	Q/（kJ/kg）	V/（dm^3/kg）	$Q \times V \times 10^{-4}$/（kJ·$dm^3$/$kg^2$）
0	4226	750	317
9	5188	693	360
18	6485	586	380
25	7280	474	345
32	7657	375	287
40	8452	261	221

爆热值Q随铝含量的增加而增加，但气体体积V减少，导致在铝含量为18%时，炸药威力达到最大值380×10^4。

其他含铝混合炸药也可以观察到相同的效应。铝的加入量为18%～25%时，威力可达到最大值。

5.10　爆炸力和爆炸压力

至此，本章已经描述了化学爆炸发生时总化学能的释放现象。这一能量以动能和热的形式在极短的时间，如几微秒内释放。在爆轰性爆炸物中，超声波在引发点附近形成，在爆炸物介质中传播，并由超声波后爆炸性材料的放热分解反应来维持。爆轰波到达爆炸性材料介质边缘时，将进入周围介质中传播，并对周围介质产生一个迅速而强烈的压力，相当于一个强烈的机械冲击。若是固体介质，例如石块，这种强烈的机械冲击可以使石块中形成许多裂纹。这种效应就是“猛度”，它与冲击波阵面的爆轰压力直接有关。

在冲击波离开爆炸物后，气态产物开始膨胀，作用于周围介质。若介质为土壤，则会形成凹坑，在水中则形成气泡，在空气中则发展为爆炸气浪。气体膨胀的强度取决于炸药的威力（爆炸威力 $= Q \times V$）。

当给定重量的爆炸物在一个固定容积的密闭容器中燃烧时，可以达到的最大静态压力就是爆炸压力 P_e。爆炸压力非常高，以至于无法用理想气体定律准确地描述，必须用余容 α 做修正。在高压下，有

$$P_e(V_i - \alpha) = nRT_e \tag{5.24}$$

式中：V_i 为密闭测试容器的容积；n 为每克爆炸物产生的气体物质的量；T_e 为爆温（K）；R 为摩尔气体常数。

例如，当 10g RDX 在体积为 $10cm^3$ 的容器中爆轰时，可计算得到容器中的最大爆炸压力 P_e 如式（5.25）所示。此处每克 RDX 产生的气体物质的量 n 为 0.0405，爆温为 4255K，并且余容 α 等于 0.55。

$$P_e = \frac{(0.0405 \times 8.314 \times 4255)}{(1 - 0.55) \times 10^{-6}} = 3183.85 \times 10^6 \text{N} \cdot \text{m}^{-2} = 3183.85 \text{MN} \cdot \text{m}^{-2} \tag{5.25}$$

爆炸压力比爆轰压力低好几个数量级。

猛炸药的威力可以用“爆炸力”这一量来表示，其单位为 kJ/g 或 MJ/kg，与爆炸威力的单位相同。“爆炸力”可用式（5.26）计算得到。其中 F 为爆炸力；n 为每克爆炸物产生的气态产物的物质的量；R 为摩尔气体常数；T_e 为爆温（K）。

$$F = nRT_e \tag{5.26}$$

RDX 爆轰时，气体所施加的爆炸力可用式（5.27）计算得到。其中每克 RDX 产生的气体物质的量 n 为 0.0405，爆温为 4255K。

$$F = 0.0405 \times 8.314 \times 4255 = 1432.7 \text{J/g} \tag{5.27}$$

猛炸药的 F 值一般大于枪炮发射药的 F 值，因为枪炮发射药通常设计为具有较低的燃烧温度。但对于更高能类型的火箭推进剂而言，情况则不同，其 F 值有可能超过猛炸药的 F 值。一般低摩尔质量的爆炸产物有利于 n 值升高，从而具有较高的 F 值。

实际上，“爆炸力”和“爆炸威力”是相同的，如式（5.28）和式（5.29）所示。

$$F = nRT_e$$

若 $n = \dfrac{\text{标准温度和压力下气态产物体积}}{\text{标准温度和压力下气体摩尔体积}} = \dfrac{V}{22.4}$

且 $T_e = \left(\dfrac{Q}{\sum C_V} + T_i\right)$

那么 $F = \dfrac{V}{22.4}R\left(\dfrac{Q}{\sum C_V} + T_i\right)$ （5.28）

式中：Q 为爆热；$\sum C_V$ 为平均摩尔热容的总和；T_i 为初始温度。用 k 代替一种气体在标准温度和压力下的摩尔体积和摩尔气体常数的值，并且假设 $\sum C_V$ 是产物在 300K 到 T_e 之间的平均摩尔热容的总和。则

$$F = k\left(\frac{QV}{\sum C_V}\right) \tag{5.29}$$

（$QV/\sum C_V$）这一项就是爆炸物的特性值。对大多数爆炸物而言，$\sum C_V$ 可视为常数，如式（5.30）所示。

$$F = kQV$$
$$F \propto QV \tag{5.30}$$

第6章

爆炸反应平衡和动力学

爆炸物的热化学已经在第5章详细讨论过了。Kistiakowsky - Wilson 规则和 Springall Roberts 规则均在不考虑爆温的条件下给出了近似估计的分解反应产物。确定爆热的公式和计算也是假设爆炸反应进行完全的。然而，实际反应并没有进行完全，而是在反应物与产物之间建立起一种平衡，这个平衡也取决于爆温 T_e。

6.1 平　　衡

在化学爆炸反应中会产生许多平衡。这些平衡取决于系统的氧平衡。其中最重要的平衡如反应式［6.1］所示。

$$CO_2 + H_2 \rightleftharpoons CO + H_2O$$
$$2CO \rightleftharpoons C + CO_2$$
$$CO + H_2 \rightleftharpoons C + H_2O \qquad [6.1]$$

反应式［6.1］中最后一个反应式只在氧平衡减小而产物中一氧化碳和氢气的量开始增加时才变得比较重要。这3个平衡均与温度有关，且平衡位置向有利于反应物或产物方向的移动将取决于反应温度。

为了确定一个平衡反应的分解产物，需要知道爆温 T_e 的值。T_e 可以用爆热 Q 来计算，而 Q 值取决于分解产物，如图6.1所示。

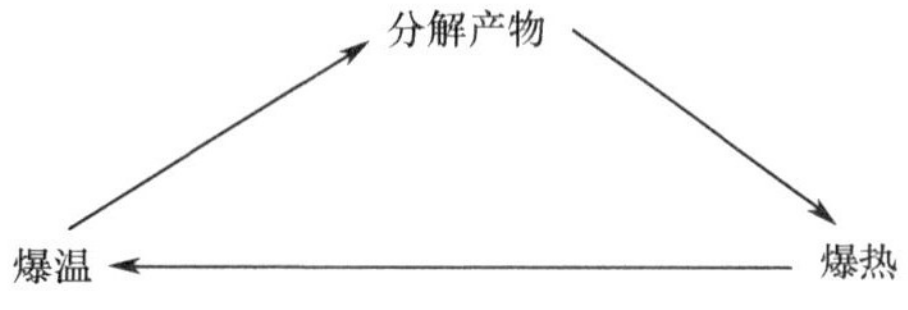

图6.1　平衡反应中可测参数的循环

为了确定平衡反应的分解产物，可用 Kistiakowsky - Wilson 规则或

Springall Roberts 规则作为起点，根据分解产物可以计算爆热和爆温，然后，爆温可用于计算分解产物。实际中，这一过程被重复多次直到所得到的结果之间取得一致。复杂反应和多组分系统的平衡如今可用计算机得到，然而，在预测反应的方向和程度时，利用列表数据的能力仍是非常有用的。

下面将以 RDX 为例，估算 RDX 在平衡条件下的分解产物、爆温以及爆热。

6.1.1 分解产物

作为起点，RDX（$C_3H_6N_6O_6$）的分解产物通过 Kistiakowsky - Wilson 规则计算得到（$\Omega = -21.60\%$），如反应式［6.2］所示。

$$C_3H_6N_6O_6 \longrightarrow 3CO + 3H_2O + 3N_2 \qquad [6.2]$$

RDX 的完全分解反应实际上并不发生，因为 RDX 分子中没有足够的氧来使反应物完全氧化。取而代之的是产物之间会进行需求氧的竞争，建立起多种平衡反应。最重要的平衡反应是水煤气平衡，如反应式［6.3］所示。

$$CO_2 + H_2 \rightleftharpoons CO + H_2O \qquad [6.3]$$

6.1.2 水煤气平衡

水煤气平衡不仅出现在 RDX 的分解反应中，而且也出现在许多其他化学爆炸反应中。反应温度会使平衡向左或向右移动。反应温度的增加会导致氢变得更加易于得到氧，而较低的温度则使碳更易于得到氧。

总能量的释放，即水煤气平衡中的爆热 Q 取决于反应物（二氧化碳和氢气）与产物（一氧化碳和水）的相对比例。从式（6.1）可以看出，二氧化碳释放的生成热比一氧化碳和水释放的生成热多。

$$\Delta H_f(CO_2) = -393.7\text{kJ/mol}$$

$$\Delta H_f(CO) + \Delta H_f(H_2O(g)) = -110.0 + (-242.0) = -352.0\text{kJ/mol} \qquad (6.1)$$

另外，一氧化碳和水的热容比二氧化碳和氢气的热容小，如表 6.1 所列。

表 6.1 二氧化碳和氢气、一氧化碳和水的平均摩尔热容比较

温度/K	$CO_2 + H_2$/（J/（mol·K））	$H_2O + CO$/（J/mol·K）
2000	68.153	59.496
2500	70.656	62.475
3000	72.435	64.852
3500	74.249	66.781
4000	75.580	68.362
4500	76.726	69.672
5000	77.718	70.760

结果是，一氧化碳和水形成时产生的少量热量可导致产生大量的爆热。

6.1.3 爆热

为了计算 RDX 在平衡条件下的爆热，需要确定二氧化碳、一氧化碳和水的精确的数量。这些值可以由平衡常数计算得到。式（6.2）给出了水煤气平衡的平衡常数 K_1，其中方括号 [ ] 中的项表示浓度，单位为 mol/dm^3。

$$K_1 = \frac{[CO][H_2O]}{[CO_2][H_2]} \tag{6.2}$$

利用爆炸物的通式 $C_aH_bN_cO_d$ 可以确定反应物和产物的浓度。对于涉及 RDX 的反应，碳会反应生成一氧化碳和二氧化碳，氢反应生成氢气和水，氮反应生成氮气，氧则与爆炸物组分中的其他元素结合形成一氧化碳、二氧化碳和水，如反应式 [6.4] 所示。

$$C_aH_bN_cO_d \longrightarrow n_1CO_2 + n_2H_2O + n_3N_2 + n_4CO + n_5H_2 \qquad [6.4]$$

反应物中 a、b、c 和 d 的值可通过包含产物物质的量（如产物的 n_1，n_2，n_3 等）的化学计量方程确定，例如，以 n_1，n_2，n_4 和 n_5 项表示的平衡方程以及化学计量方程分别如式（6.3）和式（6.4）所示。

$$K_1 = \frac{n_4 n_2}{n_1 n_5} \tag{6.3}$$

$$\begin{cases} a = n_1 + n_4 & \text{（含碳分子）} \\ b = 2n_2 + 2n_5 & \text{（含氢分子）} \\ c = 2n_3 & \text{（含氮分子）} \\ d = 2n_1 + n_2 + n_4 & \text{（含氧分子）} \end{cases} \tag{6.4}$$

式（6.4）所示的方程可以按照 n_1，n_2，n_4 和 n_5 重新排列，如式（6.5）所示。

$$n_4 = a - n_1$$

$$n_2 = d - 2n_1 - n_4$$

代入 n_4 得到

$$n_2 = d - a - n_1$$

$$n_5 = b/2 - n_2$$

消去 n_2 得到

$$n_5 = b/2 - d + a + n_1 \tag{6.5}$$

则平衡方程现在可用 n_1，a，b 和 d 写成式（6.6）所示的形式。

$$K_1 = \frac{(a - n_1)(d - a - n_1)}{(n_1)(b/2 - d + a + n_1)} \tag{6.6}$$

K_1 的值随着温度的上升而增加，如表 6.2 所列。

表 6.2　水煤气反应平衡常数对温度的依赖关系

温度/K	平衡常数 K_1	温度/K	平衡常数 K_1
1600	3.154	3000	7.723
1700	3.584	3100	7.923
1800	4.004	3200	8.112
1900	4.411	3300	8.290
2000	4.803	3400	8.455
2100	5.177	3500	8.606
2200	5.533	3600	8.744
2300	5.870	3700	8.872
2400	6.188	3800	8.994
2500	6.488	3900	9.107
2600	6.769	4000	9.208
2700	7.033	4500	9.632
2800	7.279	5000	9.902
2900	7.509		

因此，水煤气平衡右边的产物将会随着温度的上升而增加。若假设爆温 $T_e = 4000\text{K}$，那么 K_1 的值就为 9.208。将 K_1，a，b 和 d 的值代入式（6.6）中，则可以计算出 CO_2 的浓度，如式（6.7）所示，其中 RDX（$C_3H_6N_6O_6$）的 a，b 和 d 的值分别为 3，6 和 6。

$$
\begin{aligned}
9.208 &= \frac{(3-n_1)(6-3-n_1)}{(n_1)(6/2-6+3+n_1)} \\
9.208 &= \frac{18-9-3n_1-6n_1+3n_1+n_1^2}{n_1^2} \\
9.208 &= \frac{9-6n_1+n_1^2}{n_1^2} \\
9.208\,n_1^2 - 9 + 6n_1 - n_1^2 &= 0 \\
8.208\,n_1^2 + 6n_1 - 9 &= 0 \\
n_1 &= 0.7436 \text{ 或 } -1.4764
\end{aligned}
\tag{6.7}
$$

二次方程中浓度 n_1 的值有两个，其中负值可以忽略。其他化合物的浓度就可用 n_1 的值 0.7436 代入得到，如式（6.8）所示。

$$
\begin{cases}
n_4 = 3 - 0.7436 = 2.2564 = [CO] \\
n_2 = 6 - 3 - 0.7436 = 2.2564 = [H_2O] \\
n_5 = 3 - 6 + 3 + 0.7436 = 0.7436 = [H_2]
\end{cases}
\tag{6.8}
$$

利用式（6.8）中计算的结果，可以得到 K_1 的值，如式（6.9）所示。

$$K_1 = \frac{2.2564 \times 2.2564}{0.7436 \times 0.7436} = 9.20775 \tag{6.9}$$

这个值与初始计算时所用的9.208很近似。

RDX 在平衡条件下4000K 时爆轰的总方程如反应式［6.5］所示。

$$C_3H_6N_6O_6 \longrightarrow 0.7436CO_2 + 2.2564H_2O + 2.2564CO + 0.7436H_2 + 3N_2 \qquad [6.5]$$

为了计算 RDX 的爆热 Q，首先必须利用盖斯定律确定爆轰热，如图6.2所示。

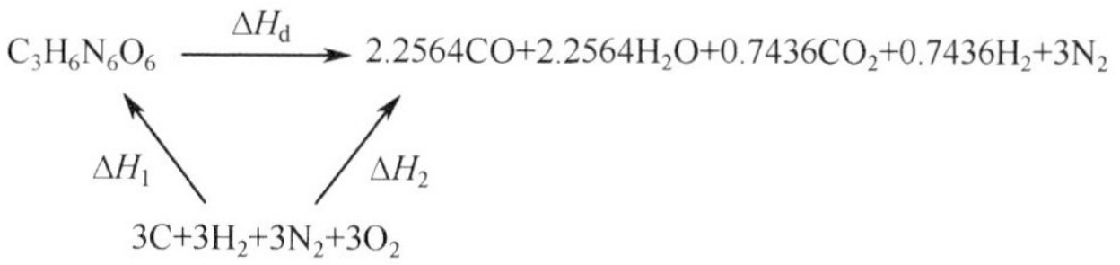

图6.2　利用盖斯定律确定 RDX 在平衡条件下的爆轰焓

利用图6.2，可以计算 RDX 在平衡条件下的爆轰热，如式（6.10）所示。

$$\Delta H_2 = \Delta H_1 + \Delta H_d \Rightarrow \Delta H_d = \Delta H_2 - \Delta H_1$$

$$\Delta H_f(\text{RDX}) = +70.29\text{kJ/mol}$$

$$\Delta H_f(CO_2) = -393.509\text{kJ/mol}$$

$$\Delta H_f(CO) = -110.525\text{ kJ/mol}$$

$$\Delta H_f(H_2O_{(g)}) = -241.830\text{kJ/mol}$$

因此，$\Delta H_1 = \Delta H_f(\text{RDX}) = +70.29\text{kJ/mol}$

$$\begin{aligned}\Delta H_2 &= [2.2564 \times \Delta H_f(CO)] + [2.2564 \times \Delta H_f(H_2O_{(g)})] \\ &\quad + [0.7436 \times \Delta H_f(CO_2)] \\ &= [2.2564 \times (-110.525)] + [2.2564 \times (-241.830)] \\ &\quad + [0.7436 \times (-393.509)] \\ &= -1087.667\text{kJ/mol}\end{aligned}$$

$$\Delta H_d = \Delta H_2 - \Delta H_1 = -1087.667 - (+70.29) = -1157.957\text{kJ/mol} \tag{6.10}$$

RDX 的爆轰热为 −1157.957kJ/mol。这个值可以转化为爆热 Q，如式（6.11）所示，其中 MW 为 RDX 的摩尔质量。

$$Q = \frac{\Delta H_d \times 1000}{\text{MW}} = \frac{-1157.957 \times 1000}{222.117} = -5213.275\text{kJ/kg} \tag{6.11}$$

平衡条件下 RDX 的爆热为5213.275kJ/kg。这个值高于第5章里用 Kistiakowsky – Wilson 规则假设反应进行完全时计算得到的值(5075.50kJ/kg)。

6.1.4 爆温

在计算爆热时，假设爆温 T_e 为4000K。若此假设成立，那么在4000K下爆炸释放的热量应等于1157.957kJ/mol。计算所得的热释放量由式（6.12）给出，其初始温度取为300K。平均定容摩尔热容的值如表5.15所列。

4000K时的平均摩尔热容：

$$C_V(CO) = 27.091 J/(mol \cdot K)$$
$$C_V(H_2O) = 41.271 J/(mol \cdot K)$$
$$C_V(CO_2) = 49.823 J/(mol \cdot K)$$
$$C_V(H_2) = 25.757 J/(mol \cdot K)$$
$$C_V(N_2) = 26.845 J/(mol \cdot K)$$

温度为4000K，RDX爆炸时释放的热 $= Q_{4000K} = (\sum C_V) \times (T_e - T_i) = [(2.2564 \times 27.091) + (2.2564 \times 41.271) + (0.7436 \times 49.823) + (0.7436 \times 25.757) + (3 \times 26.845)] \times (4000 - 300) = 1076656.7 J/mol = 1077 kJ/mol$ （6.12）

4000K时热量释放的计算值为1077kJ/mol，低于原始值1157.957kJ/mol。因而需要取更高的爆温值，如此重复循环，最终得到爆温为4309K。

对混合炸药和火药来说，若知道材料的组成和配方，也可以进行类似的计算。与使用Kistiakowsky - Wilson规则和Springall Roberts规则相比，使用水煤气平衡得到的结果更接近实验得到的数据。

上述用水煤气平衡计算爆温和爆热的方法也可以应用到其他平衡方程中。例如，在爆炸反应中可能变得比较重要的平衡如反应式[6.6]所示。

$$\frac{1}{2}N_2 + CO_2 \leftrightarrows CO + NO$$
$$2CO \leftrightarrows C + CO_2 \qquad [6.6]$$

6.2 爆炸反应动力学

动力学研究的是化学反应变化的速率。这些反应可以非常快，如爆轰这样的瞬时反应；有些需要几分钟，如糖在水中溶解；有些反应需要几周，如铁的生锈。爆炸反应的速率非常快，并且取决于反应温度、压力以及反应物的浓度。

6.2.1 活化能

在爆炸反应过程中，能量首先由引发器提供，以升高爆炸物的温度，随着热点的形成，点火发生。若热点产生的能量比活化能低，反应就不会发生，热点也会逐渐消失，如图 6.3 所示。

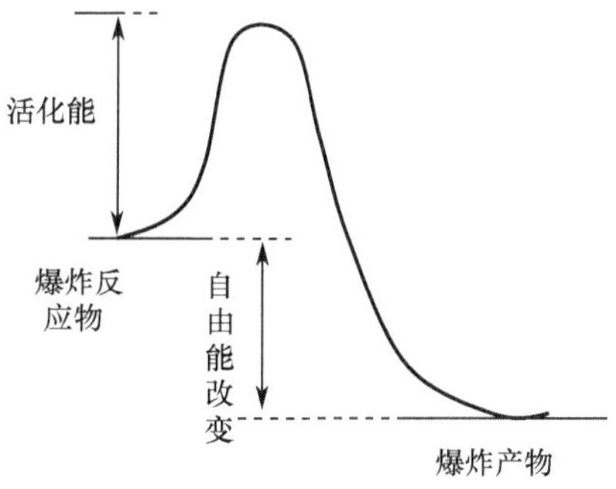

图 6.3　化学爆炸反应的能量关系示意图

另外，若热点产生的能量大于反应活化能，反应将向前进行，生成爆炸产物，同时释放能量。因此，活化能表示使一种起始物质（如室温下的一种爆炸化合物）转变为一种反应性的高能激发状态所需要的能量。在这一激发态下，反应发生并生成产物，同时释放大量的能量，该能量高于活化能。

活化能的值可用于衡量爆炸物在能量作用下被引发的难易程度，活化能越大，则爆炸物越难引发。

6.2.2 反应速率

反应速率取决于活化能的大小和反应发生时温度的高低。当系统的温度上升时，呈指数式增加的众多分子将具有必需的活化能，因而反应速率会随着温度的升高呈指数式增加，如图 6.4 所示。

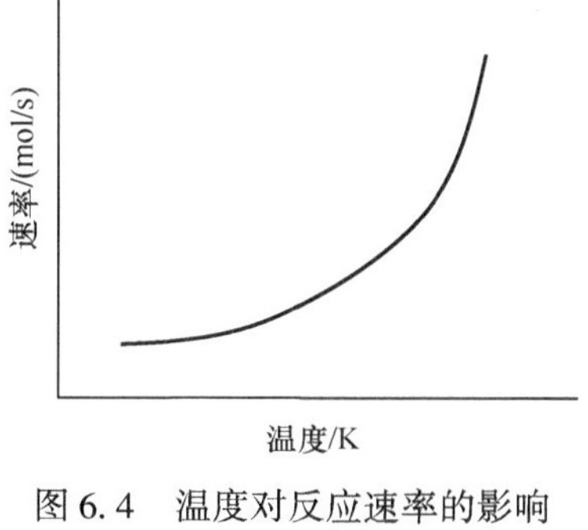

图 6.4　温度对反应速率的影响

反应速率可用速率－温度关系式表示，即阿仑尼乌斯方程（6.13）

$$k = Ae^{-E/RT} \tag{6.13}$$

式中：k 为反应速率常数；A 为与给定物质有关的常数；E 为活化能（kJ/mol）；T 为热力学温度（K）；R 为通用气体常数（8.314J/（mol·K））；常数 A 是频率因子或指前因子，可用分子间每秒内每单位体积的碰撞数量来确定；$e^{-E/RT}$ 这一项是导致反应发生的分子碰撞分数的度量。因此，若 $E=0$（即零活化能），那么 $e^{-E/RT}=1$，即所有的碰撞分子发生反应；相反，若 $E/RT \gg 1$，则 $E \gg RT$（高活化能），大部分碰撞分子不发生反应。

一些起爆药和猛炸药的碰撞因子 A 的值和活化能 E 的值如表6.3所列。

表6.3　一些起爆药和猛炸药的活化能 E 和碰撞因子 A 的值

爆炸物	活化能 E/（kJ/mol）	频率因子 A
起爆药		
雷酸汞	105	10^{11}
叠氮化银	167	
叠氮化铅	160	
猛炸药		
硝化甘油	176	10^{19}
特屈儿（晶体）	217	$10^{22.5}$
PETN	196	$10^{19.8}$
RDX	199	$10^{18.5}$
苦味酸	242	$10^{22.5}$
TNT	222	10^{19}
HMX	220	$10^{19.7}$

与猛炸药相比，起爆药的活化能和频率因子的值较低。因此，仅需少量能量就能引发起爆药，这使得其对外部刺激，如撞击、摩擦等更为敏感。而猛炸药具有较高的活化能，频率因子较大，因而较难引发，对外部刺激不敏感。

6.2.3　热分解反应动力学

所有的爆炸物在温度远低于发生爆炸的温度时均会发生热分解反应。这些反应对判定爆炸物的安定性和储存寿命具有重要意义。这些反应也为爆炸物对热的敏感度提供了有用的信息。通常，测量一系列受控温度下爆炸物样品在等温条件下的气体释放速率可以确定动力学数据。

式（6.14）表明了分解速率和温度的关系，即

$$V = k^T + C \tag{6.14}$$

式中：V 为释放气体的体积；T 为温度（℃）；k 为反应速率常数；对特定的爆炸物，C 为一个常数。

温度每增加 10℃，爆炸物的分解速率就近似增加一倍，但当爆炸物处于熔融状态时，分解速率可增加 50 倍之多。分解速率取决于储存条件和杂质的存在，这些杂质可起到催化剂的作用。例如，硝化甘油和硝化纤维素由于自催化作用会加速分解，而 TNT、苦味酸和特屈儿的分解速率在除去杂质后会减小，这些杂质通常比爆炸物本身的稳定性差。对多数爆炸物而言，水汽或湿气的存在会增加分解速率。

6.3 动力学参数的测量

一般用差热分析、热重分析和差示扫描量热分析研究爆炸反应动力学。

6.3.1 差热分析

差热分析（DTA）是加热（或冷却）被测试样和处于相同条件下的惰性参比样，并记录变化过程中两者之间的温度差别。任何被测试样中发生的、存在热量释放的物理或化学变化都会引起温度短暂地超过参比样的温度，这使 DTA 图中出现一个放热峰。相反，伴随吸热的过程会引起被测试样的温度滞后于参比样的温度，导致出现吸热峰。

从 DTA 图形可以确定爆炸物的纯度。爆炸物中的杂质会引起爆炸物熔点降低，降低的幅度会反映爆炸物被杂质污染的程度。相变或发生反应都会引起放热或吸热峰的出现，峰面积与放出或吸收热量的多少有关。

图 6.5 反映了爆炸物分解的 DTA 图形。当温度 T 达到爆炸物的点火温度时，分解反应开始，导致出现放热峰。当爆炸物分解时，释放热量，这一热量在 DTA 图中测得为 ΔT（y 轴）。ΔT 与爆炸物分解时的速率成正比；随着反应速率的增加，释放出更多的热量，ΔT 也增加。假设爆炸物的分解反应为一级反应，则反应速率直接与温度的增加 ΔT 成正比，如式（6.15）所示。

$$\text{反应速率} \propto \Delta T \tag{6.15}$$

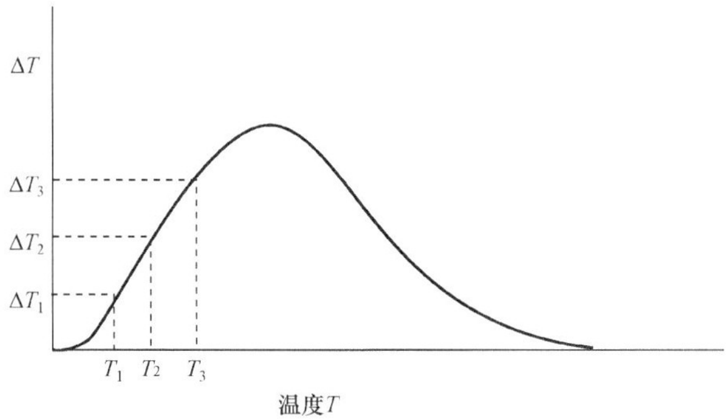

图 6.5 爆炸性材料分解的 DTA 温度记录图

利用阿仑尼乌斯方程，可以从 DTA 图形计算出活化能 E 的值，如式（6.16)所示。

$$\Delta T = A\mathrm{e}^{-E/RT}$$

$$\ln\Delta T = \ln(A\mathrm{e}^{-E/RT}) = \ln A + \ln\mathrm{e}^{-E/RT}$$

$$\ln\Delta T = \ln A - E/RT \tag{6.16}$$

在几个不同的温度 T 下测得 ΔT，作 $\ln\Delta T - 1/T$ 的图形，得到斜率为 $-E/R$的一条直线。

DTA 也可以提供有关熔融、沸腾、晶型转变、脱水、分解、氧化和还原反应的信息。

6.3.2 热重分析

热重分析（TGA）是研究爆炸反应的一种合适的技术手段。在进行 TGA 时，将样品放置于样品炉中的天平上，以一定的速率加热，记录样品重量的减少。这种重量变化的原因可能是因为水分的蒸发、气体放出、化学分解反应等，例如氧化反应。

TGA 常与 DTA 联用，且失重图形常与 DTA 的热分析图形一同记录。这些图形提供了发生物理和化学变化过程的相关信息。在爆炸反应中，由于点火后有气态产物产生，会有重量的迅速损失，同时产生热量。图 6.6 为 β 型 HMX 的典型 DTA 和 TGA 曲线。

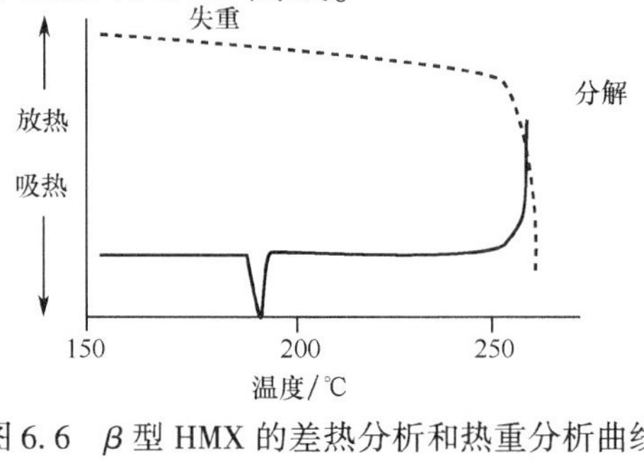

图 6.6 β 型 HMX 的差热分析和热重分析曲线

192℃处出现一个由 β－δ 晶型转变引起的吸热峰，276℃处出现一个由 HMX 强烈分解引起的放热峰。爆炸物的热预点火和点火温度可从 DTA 和 TGA 热重图中得到。

6.3.3 差示扫描量热分析

差示扫描量热分析（DSC）与 DTA 十分相似。DTA 曲线中的峰代表了样品与参比样之间的温度差，而 DSC 曲线中的峰代表了使样品与参比样之间保持相同温度而向系统提供的电能的量。DSC 图谱中的峰面积与反应焓变成正比。

DSC 常用于研究无相变的爆炸反应的平衡、热容以及动力学等，而 DTA 与 TGA 的联用则主要用于热分析。

第7章

爆炸物的制造

7.1 硝化反应

硝化反应在炸药的合成中占有重要地位。例如，最常用的军用和工业炸药化合物 TNT、RDX、硝化甘油、PENT 等都是通过硝化反应制造的。硝化反应是将硝基（NO_2）引入有机化合物分子的一种化学反应。硝化反应是取代反应或双交换反应，硝化剂的一个或多个 NO_2 取代被硝化化合物的一个或多个基团（通常是氢原子）。硝化反应可以分为三类，如图 7.1 所示。表 7.1 总结了一些军用炸药和工业炸药的硝化技术。

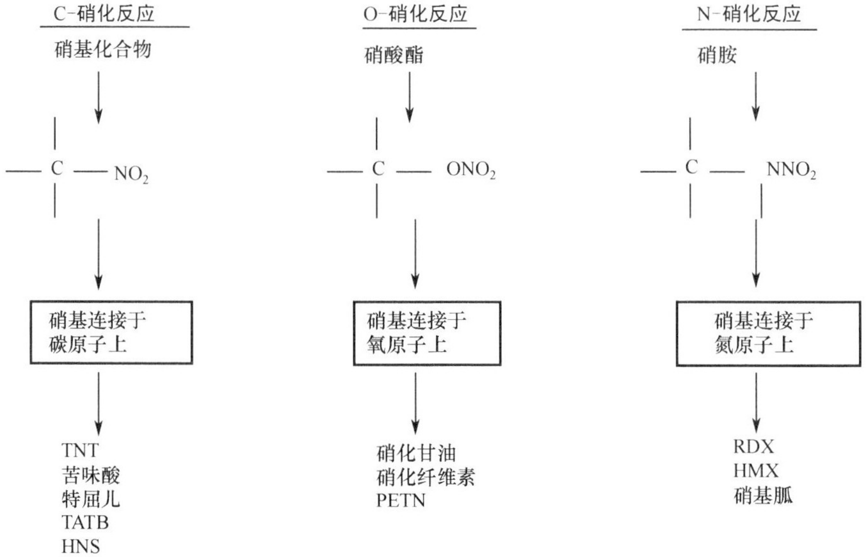

图 7.1　硝化反应的分类

表 7.1 用于制造炸药的硝化剂

化合物	常用硝化剂
C－硝化反应	
苦味酸	硝酸和硫酸的混合物
TNT	硝酸和硫酸的混合物
HNS	硝酸和硫酸的混合物
O－硝化反应	
硝化纤维素	硝酸和硫酸的混合物
硝化甘油	硝酸和硫酸的混合物
PETN	硝酸和硫酸的混合物
N－硝化反应	
特屈儿	硝酸和硫酸的混合物
RDX	硝酸和硝酸铵
HMX	硝酸和硝酸铵

7.2 C－硝化反应

7.2.1 苦味酸

苦味酸［7－1］是将苯酚溶解于硫酸中，然后用硝酸硝化而制得的，如反应式［7.1］所示。

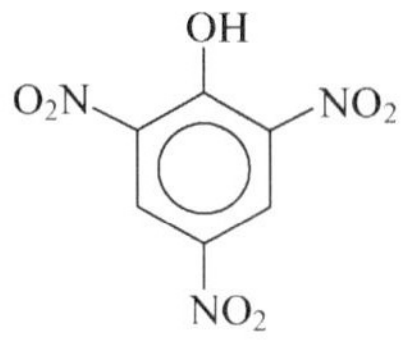

［7－1］

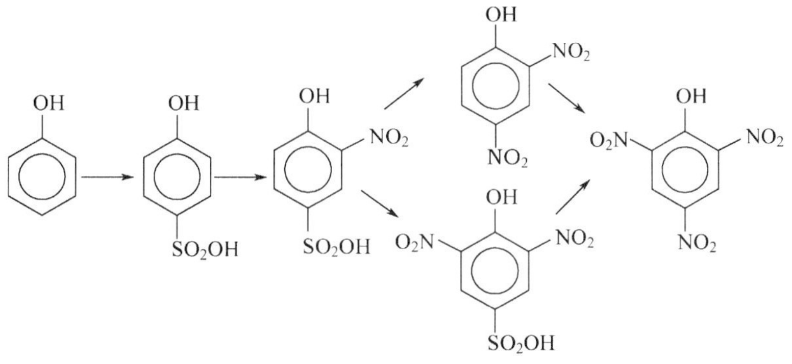

［7.1］

硫酸在硝化反应中起到抑制剂或调节剂的作用。苯酚在低温和高温下磺化的产物分别为对位和邻位的磺酸，它们的硝化产物均为苦味酸。

7.2.2 特屈儿

特屈儿［7－2］是将二甲基苯胺溶解在硫酸中，并于70℃时加入硝酸和硫酸而制得的，如反应式［7.2］所示。

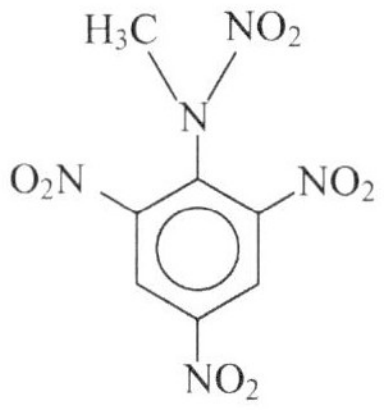

［7－2］

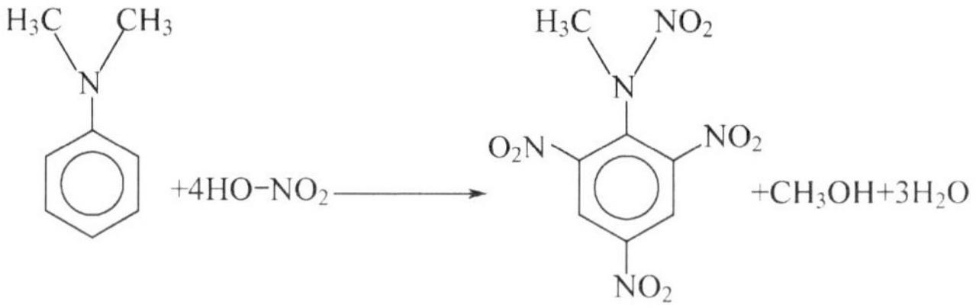

［7.2］

反应中，在一个甲基被氧化的同时，苯环的2－，4－，6－位进行硝化反应。最新的制造特屈儿的技术是由甲胺与2，4－或2，6－二硝基氯苯反应制得二硝基甲苯胺，然后硝化得到特屈儿。两个反应都采用冷水和热水洗涤进行精制，后者是水解四硝基化合物。最后，产物溶解在丙酮中并加水沉淀进行重结晶，或者在苯中重结晶以制得特屈儿。

7.2.3 TNT（2，4，6－三硝基甲苯）

TNT［7－3］是用硝硫混酸硝化甲苯并经过多步反应而制得的。甲苯首先硝化为一硝基甲苯，然后硝化为二硝基甲苯，最后硝化得到粗三硝基甲苯。三硝化反应需要含有 SO_3 自由基的高浓度混酸。由甲苯制备三硝基甲苯的反应，见反应式［7.3］。

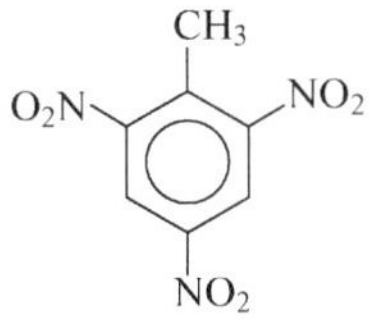

［7－3］

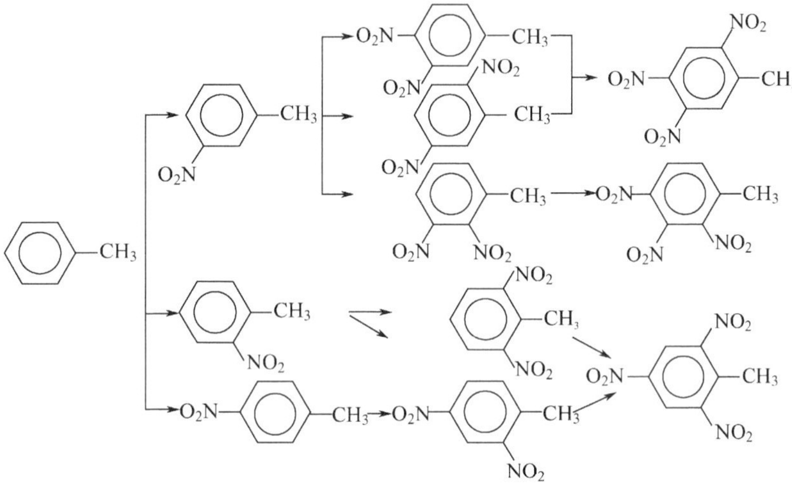

［7.3］

目前，甲苯的硝化采用连续工艺，甲苯从反应器的一端加入反应器，三硝基甲苯在反应器的另一端生成。足够量的硝酸从甲苯的反方向加入反应器中，并且根据各个反应点所需求的量加满。搅拌可以加快硝化反应，提高得率，在反应中起着非常重要的作用。

粗 TNT 产物含有异构体和硝基苯酚类副产物。通常用 pH 值为 8～9 的 4% 亚硫酸钠溶液精制粗 TNT，把不对称的三硝基化合物转化为磺酸盐衍生物。这些副产物用碱溶液进行洗涤除去。然后，纯 TNT 用热水洗涤、制片、包装。除去废酸和不对称三硝基甲苯以及其他硝化副产物是非常重要的，因为这些杂质会降低 TNT 的纯度和储存寿命，提高其感度，降低其与金属或其他物质的相容性。此外，痕量的不对称三硝基甲苯及副产物会降低 TNT 的熔点，可以用有机溶剂或 62% 的硝酸对 TNT 进一步重结晶。

7.2.4 TATB（1，3，5－三氨基－2，4，6－三硝基苯）

TATB［7－4］可以由 1，3，5－三氯－2，4，6－三硝基苯硝化制得。

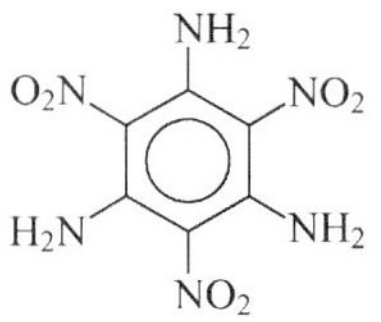

[7－4]

1，3，5－三氯－2，4，6－三硝基苯由三氯苯在硝硫混酸中硝化制得。然后将1，3，5－三氯－2，4，6－三硝基苯用氨胺化转化为1，3，5－三氨基－2，4，6－三硝基苯（TATB），如反应式［7.4］所示。过滤得到黄棕色TATB晶体，然后用水洗涤。

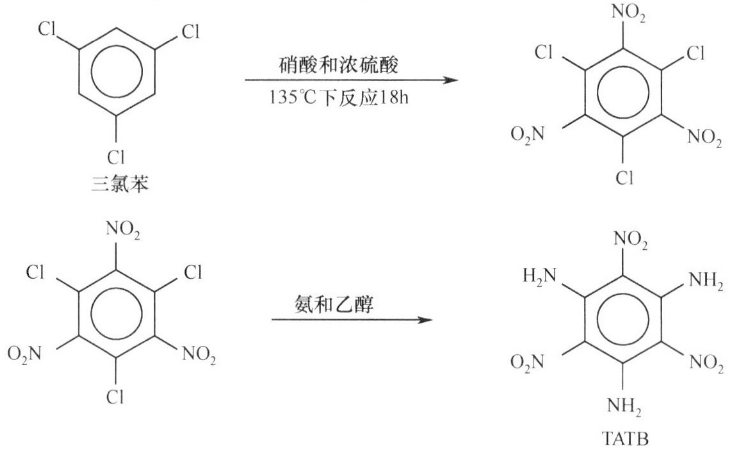

［7.4］

TATB是一种耐高温炸药，因此可用于高温环境或者遭遇意外火灾时的安全非常重要的场合。TATB对冲击非常不敏感，需大量传爆药方可起爆。因此，TATB被视为一种不敏感炸药，最有可能在将来的混合炸药中代替HMX和RDX。然而，制造TATB的成本是HMX的5～10倍。

7.2.5 HNS（六硝基芪）

HNS［7－5］可以由很多种方法制得，包括甲苯的硝基衍生物和苯甲醛反应，苄卤的硝基衍生物与碱反应并脱除卤化氢，还包括甲苯的硝基衍生物的氧化反应。

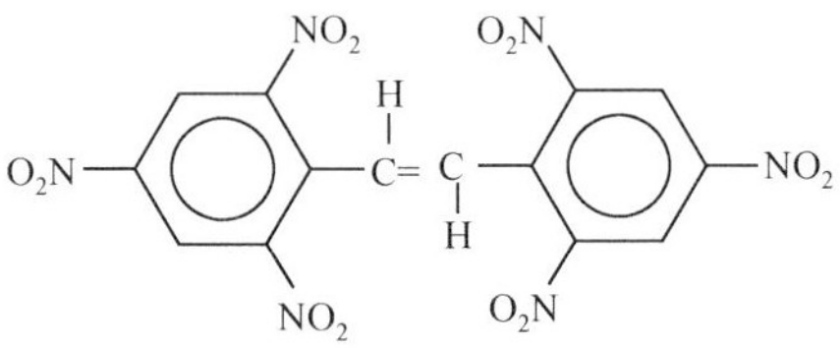

[7－5]

第一个反应是在 160～170℃下加热三硝基甲苯和三硝基苯甲醛的混合物，然后将混合物冷却 2h，该法制得的六硝基芪的得率较低。2，4，6－三硝基苄卤与氢氧化钾在甲醇中反应可以提高 HNS 的得率，如反应式［7.5］所示。

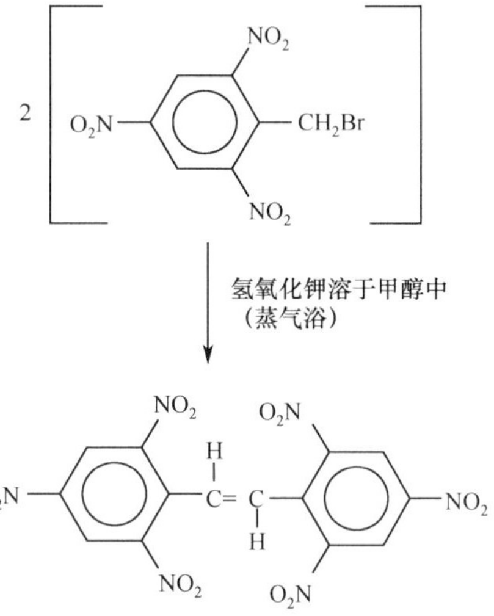

［7.5］

HNS 也可以通过 TNT 与次氯酸钠的氧化反应得到。10 份 5% 的次氯酸钠溶液和 1 份冷的 TNT 溶液在 10 份甲醇中反应。将反应液维持在室温，HNS 沉淀并得到微细结晶状产品。HNS 在硝基苯中重结晶得到淡黄色针状晶体。反应的机理如反应［7.6］所示。

HNS 用于军用混合炸药中作为 TNT 的晶型改良剂。在熔融的 TNT 中加入 0.5%～1% 的 HNS，在冷却的过程形成细小且无规取向的晶体。这些细小晶体具有较高的拉伸强度，可以防止 TNT 产生裂纹。

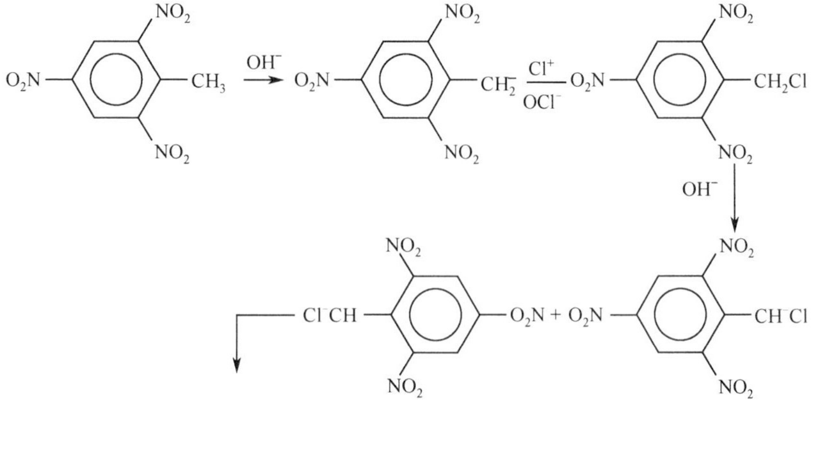

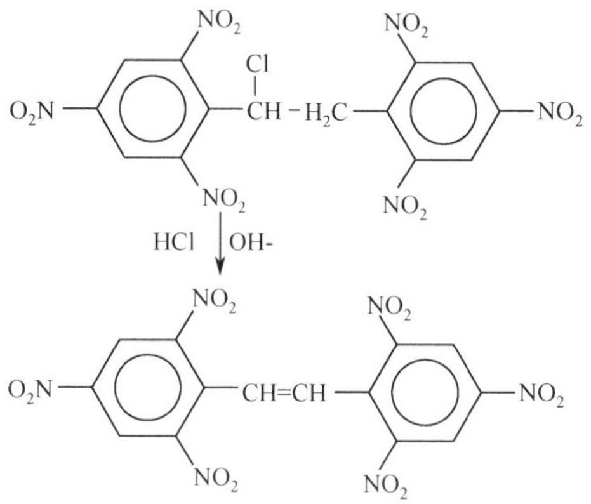

[7.6]

7.3 O－硝化反应

7.3.1 硝化甘油

硝化甘油［7－6］是将高浓度甘油加入浓硝酸与浓硫酸的混合酸中在一定温度下反应制得的。

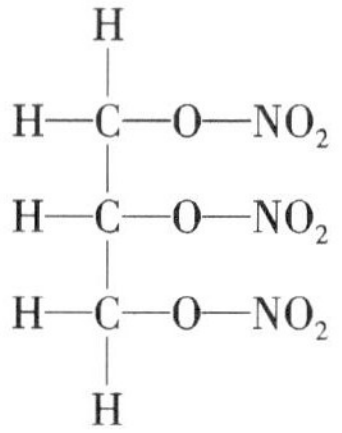

［7－6］

不断搅拌混合物并用盐水冷却，反应结束后，将硝化甘油与酸液倒入分离器中，在重力作用下，将硝化甘油分离出来。然后用水和碳酸钠洗涤硝化甘油除去残酸。由于硝化甘油是危险品，所得纯硝化甘油要立即加工，避免大量储存。硝化甘油的制造采用连续工艺，即当硝化甘油与废酸从反应器中移走时，可将新的混酸连续加进反应室中。这种方法制得的硝化甘油得率高，副产物少。制备硝化甘油的化学反应式见反应式［7.7］。

$$\begin{array}{l} CH_2OH \\ | \\ CHOH \\ | \\ CH_2OH \end{array} + 3HONO_2 \longrightarrow \begin{array}{l} CH_2ONO_2 \\ | \\ CHONO_2 \\ | \\ CH_2ONO_2 \end{array} + 3H_2O \qquad [7.7]$$

硝化甘油以及类似的硝酸酯的运输非常危险，只允许在非爆炸性溶剂中以溶液的形式，或者与惰性材料微细粉末混合在一起运输，其中硝化甘油的量不超过5%。

如今，硝化甘油不再用于军用炸药，只用于火药及工业爆破炸药。常温下，硝化甘油为液体，很容易装入容器。然而，当其用于火药时，由于随着壳体的旋转，硝化甘油液体会移位，使得它需要承受一些非常规弹道性能。硝化甘油非常敏感，很容易被起爆。因此，硝化甘油通常用硅藻土吸收以制造代那买特，或者与硝化纤维素胶化以制造工业爆胶，从而降低其感度。

7.3.2 硝化纤维素

硝化纤维素［7－7］的制造方法是利用硫酸与硝酸混酸硝化纤维素。在纤维素的硝化中，纤维素分子的部分 - OH 被硝酸酯基 - ONO_2 取代，如反应式［7.8］所示。

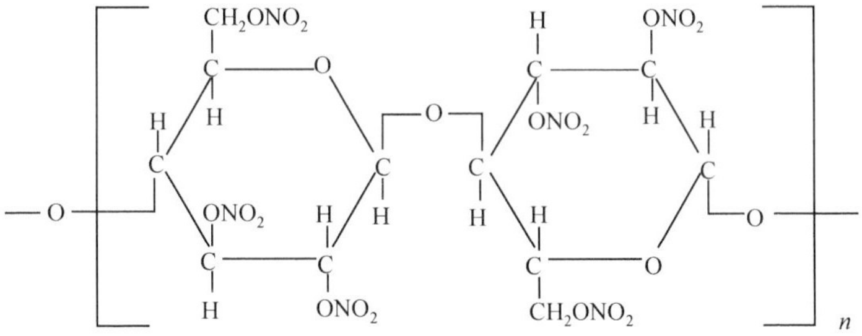

［7－7］

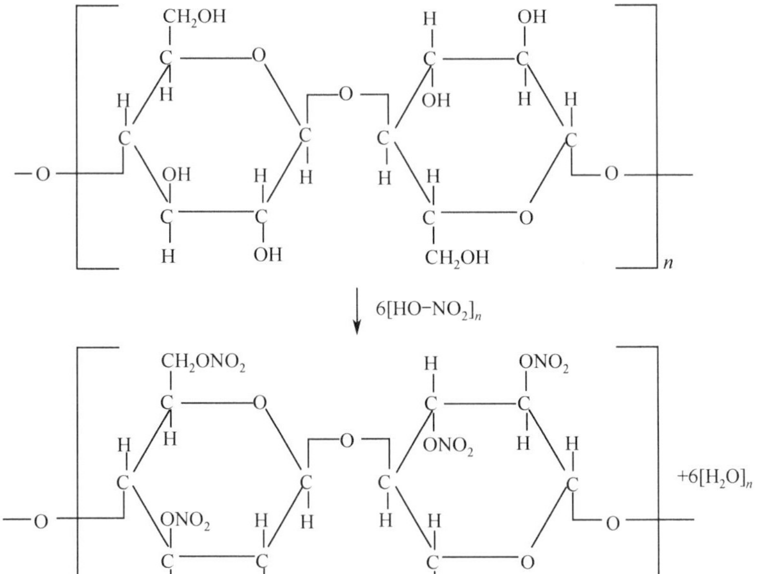

［7.8］

这个反应能够在不破坏纤维素的纤维结构的情况下发生。$-OH$ 的硝化程度取决于反应条件，尤其是酸的组成、硝化时间和温度。

棉花、棉绒（短纤维）或者木纤维通过机械梳棉机清理干净，然后漂白，使其结构更加开放，利于硝化。在预硝化器中，将纤维与硝化酸混合，然后进入第二个硝化器，纤维与硝化酸紧密接触。然后，硝化了的纤维进入第三个硝化器，完全硝化。利用离心分离法将硝化酸从硝化纤维素中移除。低硝化度的硝化纤维素使用稀酸及清水洗涤，而高硝化度的硝化纤维素不用洗涤，继续进入下一个阶段。然后，硝化纤维素与水混合，并在高压下煮沸。在带有刀片的辊轴间，将湿硝化纤维素挤压成浆状。然后，将浆状硝化纤维素煮沸、洗涤、清除杂质颗粒、包装。硝化纤维素制造工艺流程如图 7.2 所示。

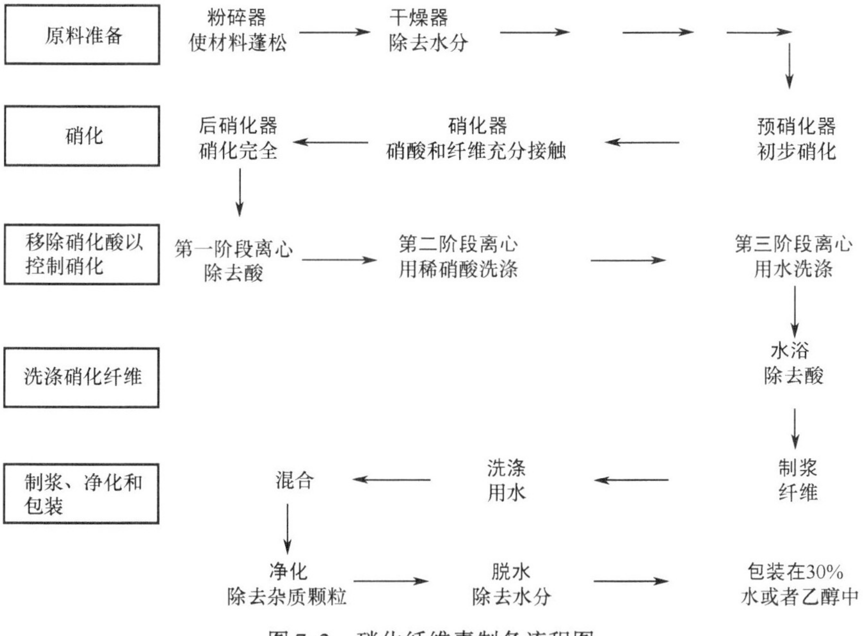

图 7.2 硝化纤维素制备流程图

如果硝化纤维素完全干燥，是十分危险的。因此，硝化纤维素通常在 30% 的水或乙醇中进行储存和运输。硝化纤维素常溶于溶剂中形成凝胶。例如，用于爆破目的的工业炸药中含有溶于硝化甘油的硝化纤维素。某些枪炮发射药的组分中，硝化纤维素溶于丙酮与水的混合物。

在硝化纤维素的应用中，硝化度起着十分重要的作用。火棉中氮含量为 13.45%，常用于制造双基发射药及高能发射药，而用于制造工业胶质及半胶质代那买特炸药的硝化纤维素，其氮含量为 12.2%。

7.3.3 PETN（季戊四醇四硝酸酯）

PETN［7-8］由硝化季戊四醇制得。

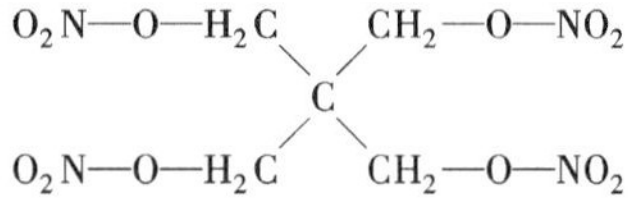

［7-8］

在65～70℃的水溶液中，将甲醛与氢氧化钙混合可制得季戊四醇。在25～30℃时，将季戊四醇加入浓硝酸中，硝化季戊四醇，生成PETN。过滤粗PETN，然后水洗，用碳酸钠溶液中和，在丙酮中重结晶。PETN的得率为95%，副产物极少，可忽略不计。制造工艺如反应式［7.9］所示。

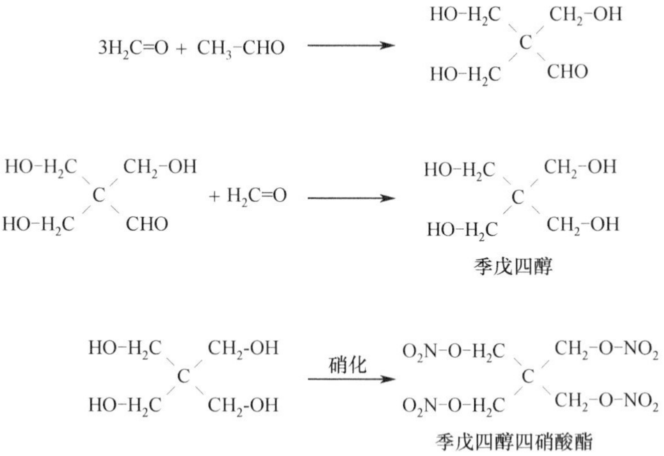

［7.9］

PETN可用于制造导爆索和爆破雷管。导爆索里的PETN是装在塑料管里的。PETN也可与TNT和少量的蜡混合制造喷托莱特炸药。喷托莱特炸药用作工程爆破的传爆药。

7.4 N-硝化反应

7.4.1 RDX（环三亚甲基三硝胺）

制备RDX［7-9］最简单的方法是，在25℃时，将环六亚甲基四胺加到过量的浓硝酸中，加热到55℃，用冷水将RDX沉淀出来，然后将该混合物煮沸以除去可溶性杂质，在丙酮中重结晶精制RDX。

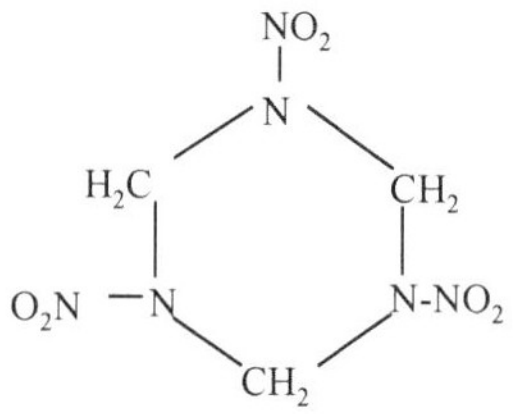

[7-9]

RDX的制备化学相当复杂。当环六亚甲基四胺与硝酸反应时，生成了环六亚甲基四胺二硝酸盐，然后被硝化成中间体“化合物I”，如反应式[7.10]所示。

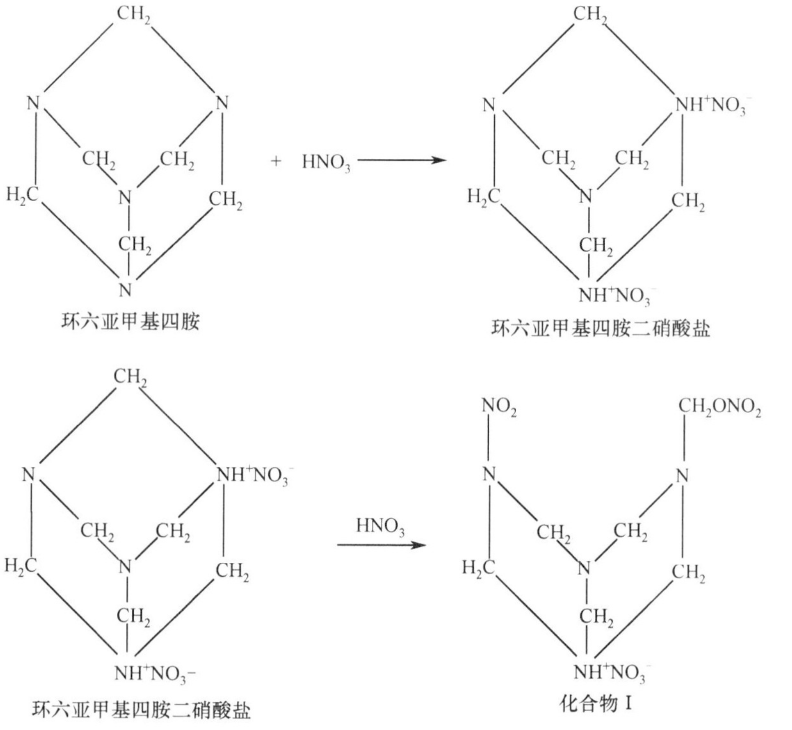

[7.10]

化合物I进一步硝解，经其他两个中间体化合物（如反应式[7.11]所示）生成RDX。

其他制造技术包括Schnurr发明的SH法，Knöffler获得专利权的K法，Wolfram获得专利权的W法，Erbele获得专利权的E法以及Knöffler、Apel和Bachmann发明的KA法。

SH法是用浓硝酸连续硝化环六亚甲基四胺，并伴有一氧化二氮的生成。从残酸中过滤出RDX，在一定压力下，将RDX在水中煮沸进行稳定化处理，在丙酮中重结晶精制 RDX。

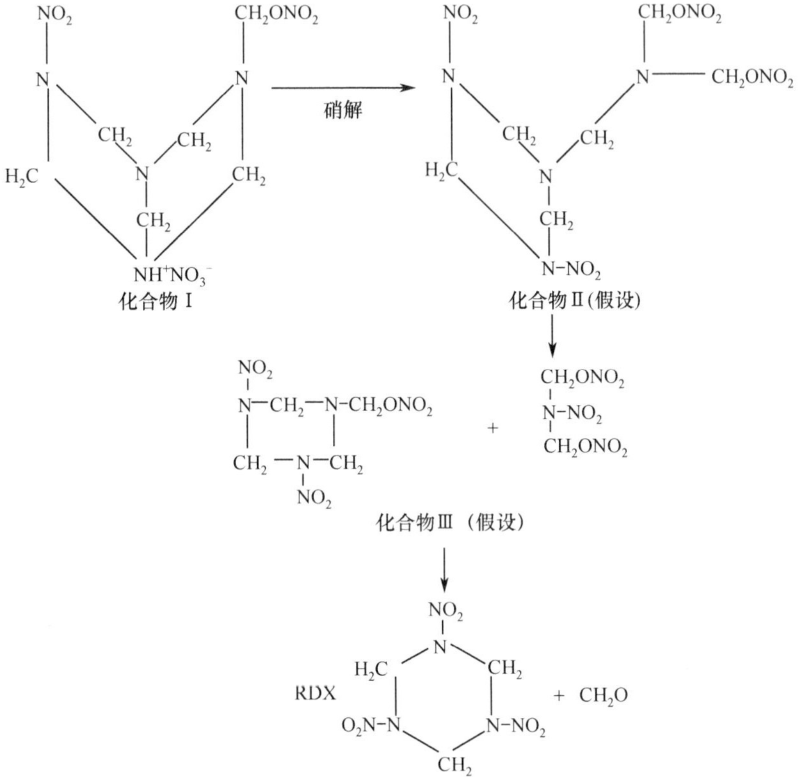

［7.11］

K 法是在加热的条件下硝酸铵与环六亚甲基四胺和硝酸的混合物反应生成 RDX，如反应式［7.12］所示。

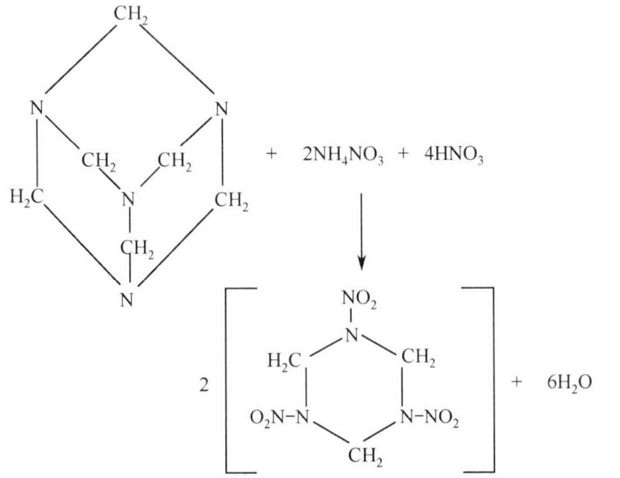

［7.12］

W 法是以氨基磺酸钾与甲醛缩合，再对缩合产物进行硝化，如反应式［7.13］所示。氨基磺酸钾与甲醛反应生成亚甲基氨基磺酸钾，再用硝硫混酸硝化亚甲基氨基磺酸钾制得 RDX。

E 法是多聚甲醛与硝酸铵在乙酸酐溶液中经脱水生成 RDX，如反应式［7.14］所示。

副产物甲醛与硝酸铵反应转化成环六亚甲基四胺，提高了得率。

最后，KA 法（Bachmann 法）是在乙酸酐溶液中，环六亚甲基四胺二硝酸盐与硝酸铵的硝酸溶液反应，如化学反应式［7.15］所示。

RDX 的熔点接近其点火温度，因此不能安全地将其熔化。然而，RDX 常与 TNT 一起用于铸装工艺技术。RDX 的感度非常高，不能进行压装，通常用蜡和聚合物等胶黏剂降低其感度，这些胶黏剂也称为钝感胶黏剂。RDX 是英国混合炸药的主要爆炸组分，主要用于炮弹、炸弹、聚能装药、发爆器、雷管和高分子黏结炸药。

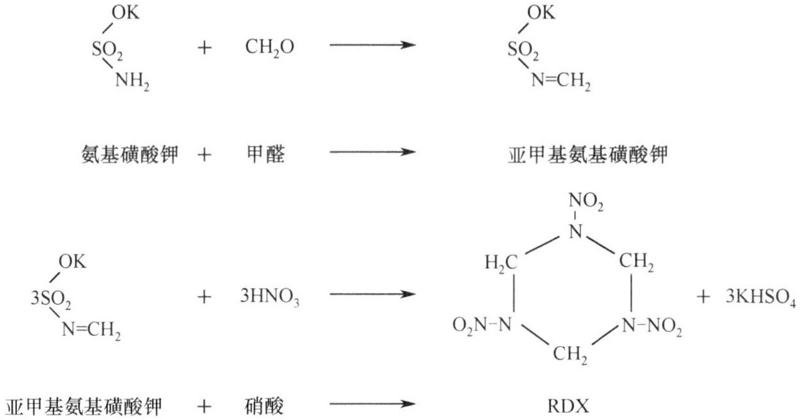

［7.13］

$$6CH_2O+4NH_4NO_3+3\,(CH_3CO)_2O \longrightarrow C_6H_{12}N_4+4HNO_3+6CH_3COOH+3H_2O$$

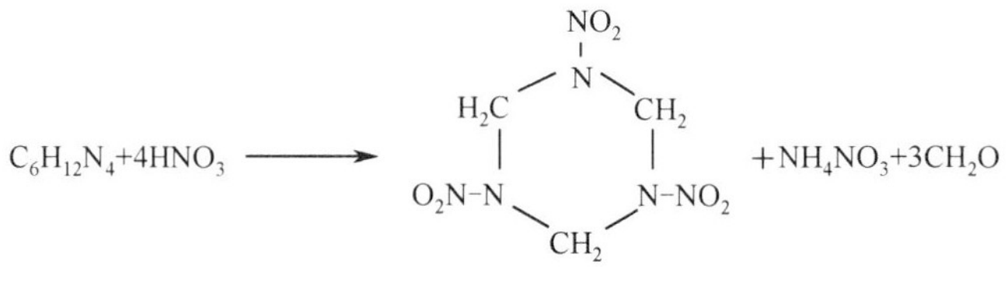

［7.14］

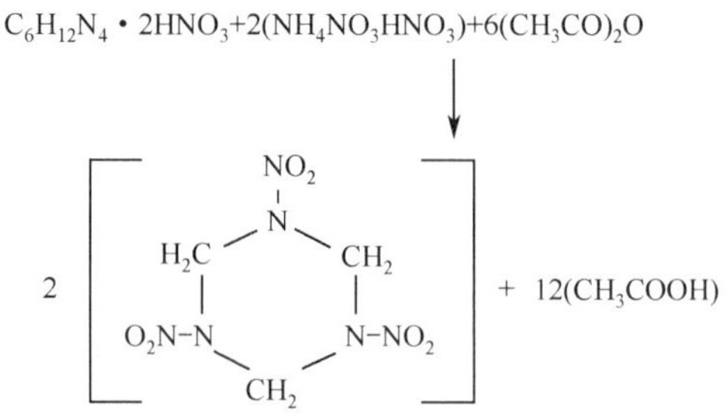

[7.15]

7.4.2 HMX（环四亚甲基四硝胺）

HMX［7-10］是 Bachman 法制备 RDX 过程中生成的副产物。

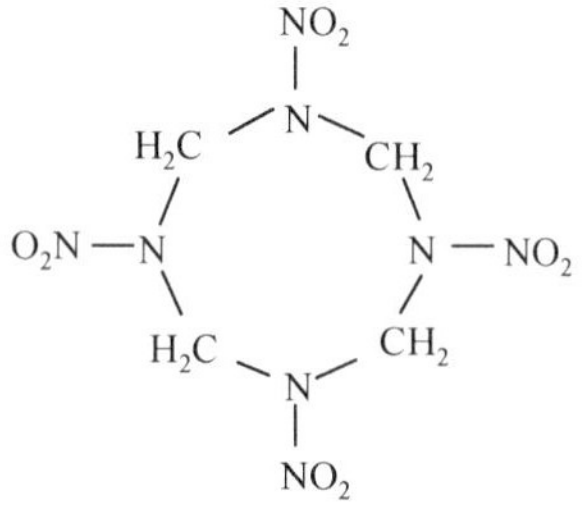

［7-10］

将环六亚甲基四胺、乙酸、乙酸酐、硝酸铵和硝酸混合，45℃时反应 15min。然后将硝酸铵、硝酸和乙酸酐慢慢加入，在蒸汽浴中放置 12h，形成含有 27% 的 RDX 和 73% 的 HMX 的沉淀物。此工艺如反应式［7.16］所示。

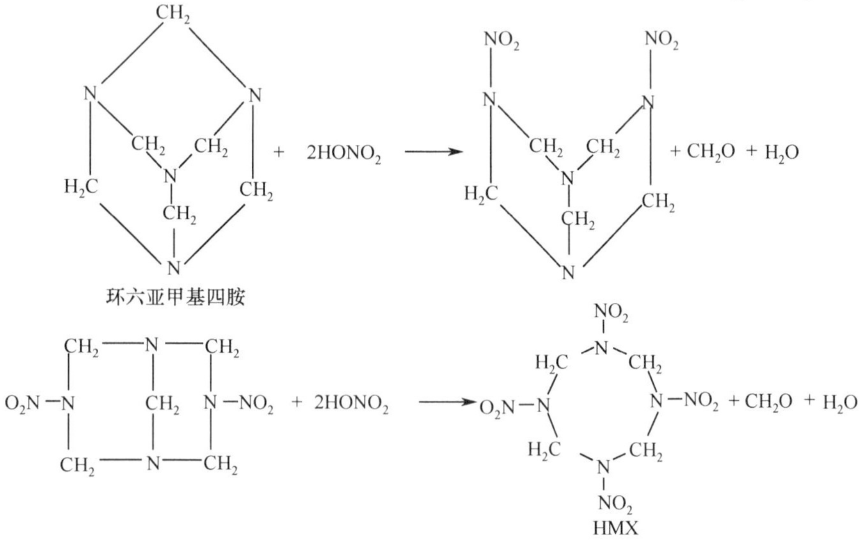

[7.16]

将该沉淀物放入热的十水四硼酸钠和少量氢氧化钠的水溶液中将 RDX 破坏。当 pH >9.7 时，RDX 被完全破坏。过滤出 HMX，在硝基甲烷中重结晶 HMX 得到 β 型 HMX。

HMX 与 RDX 相似，其熔点接近于其点火温度，因此，不能安全地将其熔化。HMX 常与 TNT 一起用于铸装工艺技术。HMX 的感度也非常高，通常与钝感胶黏剂一起使用。HMX 的密度和熔点比 RDX 高一些。总的来说，HMX 是爆炸性能更好的炸药。然而，它的成本大约是 RDX 的 3 倍。

7.4.3 硝基胍

硝基胍［7－11］至少存在两种晶型，α 型与 β 型。

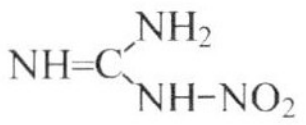

［7－11］

将硝酸胍溶于浓硫酸中，在它从热水中结晶之前加入过量的水，可制得细长、坚韧、有光泽的针状 α 型硝基胍。α 型硝基胍是最常见的晶型，用于爆炸物工业。将硫酸胍与硫酸胺的混合物硝化，在热水中结晶，生成小齿状簇、细长片状的 β 型硝基胍。将 β 型硝基胍溶于浓硫酸中，然后加入大量水，可将其转化为 α 型硝基胍。为了减小硝基胍的晶体尺寸以用于胶质火药中，将硝基胍的热溶液喷洒在冷的金属表面上，用冷空气冷却，制得细粉状硝基胍。制备硝基胍反应式如［7.17］所示。

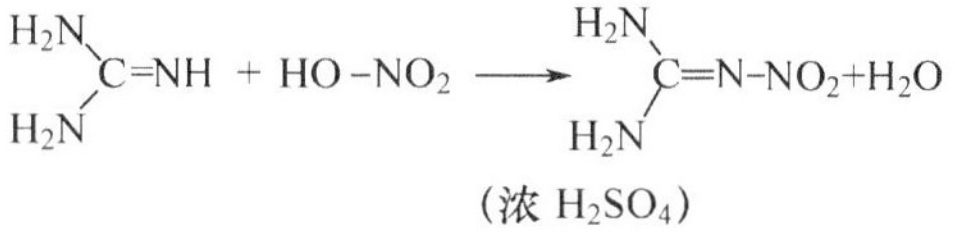

［7.17］

7.4.4 硝酸铵

生产硝酸铵最常用的方法是在 150℃ 时将氨气通入到 40% ~60% 的硝酸中，如反应式［7.18］所示。

$$NH_3 + HNO_3 \longrightarrow NH_4NO_3 \qquad [7.18]$$

将熔融态硝酸铵溶液（>99.6%）从矮造粒塔上喷雾造粒可制得致密的硝酸铵晶体。喷雾造粒生产的球形颗粒称为“粒丸”。这种硝酸铵晶体无吸附性，可与硝化甘油同时使用。将热的 95% 的硝酸铵溶液从高造粒塔上喷雾造粒可以制得具有吸附性的硝酸铵。形成的球形颗粒在干燥及冷却操作时应避免造成破损。这种具有吸附性的球形颗粒与燃料油同时使用。

硝酸铵是工业炸药最廉价的氧源，可以单独使用，也可与燃料或者与硝化甘油、TNT 等其他爆炸物同时使用。

7.5 起爆药

起爆药的制造很危险，在制备过程中可能发生爆炸等事故。因此，必须遵守严格的安全操作规程。

7.5.1 叠氮化铅

叠氮化铅［7－12］的制备是将硝酸铅溶解在含有糊精的溶液中，并用一至两滴氢氧化钠溶液将 pH 值调节为 5。

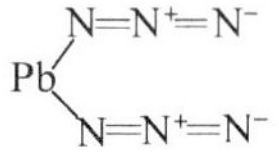

［7－12］

将该溶液加热到 60～65℃并搅拌。将叠氮化钠溶解在氢氧化钠溶液中，然后将其滴加到硝酸铅溶液中，再将混合溶液不断搅拌冷却到室温。将叠氮化铅晶体过滤，用水洗涤并干燥。此工艺见反应式［7.19］。

$$2Na(N_3)_{2(aq)} + Pb(NO_3)_{2(aq)} \rightarrow Pb(N_3)_{2(s)} + 2NaNO_{3(aq)} \qquad [7.19]$$

得到的叠氮化铅晶体应为球状，外观不透明，直径小于 0.07mm。加入的糊精起到了胶化剂的作用，防止形成较大的、较敏感的叠氮化铅晶体，在一定程度上可以控制晶体形状。

7.5.2 雷酸汞

把水银溶解在硝酸中，然后将该溶液倒入乙醇中可以制备雷酸汞［7－13］。反应剧烈，释放出白色、红褐色烟，最后是白烟，与此同时生成雷酸汞晶体。将得到的晶体用水洗涤，直到除去所有的酸。

$$(C\equiv NO)_2Hg$$

［7－13］

晶体呈淡灰色，在水中储存。反应机理和中间步骤如反应式［7.20］所示。

（1）乙醇氧化成乙醛。

$$CH_3CH_2OH + HNO_3 \longrightarrow CH_3CHO + HNO_2 + H_2O$$

（2）亚硝基乙醛的生成（亚硝化）。

$$CH_3CHO + HNO_2 \longrightarrow NOCH_2CHO + H_2O$$

（3）将亚硝基乙醛异构生成异亚硝基乙醛。

$$NOCH_2CHO \longrightarrow HON = CH - CHO$$

（4）异亚硝基乙醛氧化成异亚硝基乙酸。

$$HON = CH - CHO \longrightarrow HON = CH - COOH$$

（5）异亚硝基乙酸分解成雷酸和甲酸。

$$HON = CH - COOH \longrightarrow C \equiv NOH + HCOOH$$

（6）雷酸汞的生成。

$$2C \equiv NOH + Hg(NO_3)_2 \longrightarrow (C \equiv NO)_2Hg + 2HNO_3$$

［7.20］

7.5.3 四氮烯

四氮烯［7-14］的制备过程为：将亚硝酸钠溶解在蒸馏水中并加热到50～55℃，然后加入酸性氨基胍硫酸盐溶液，搅拌30min，生成四氮烯沉淀，将其缓慢倒出，依次用水和乙醇洗涤后，于45～50℃时干燥即可制得四氮烯。

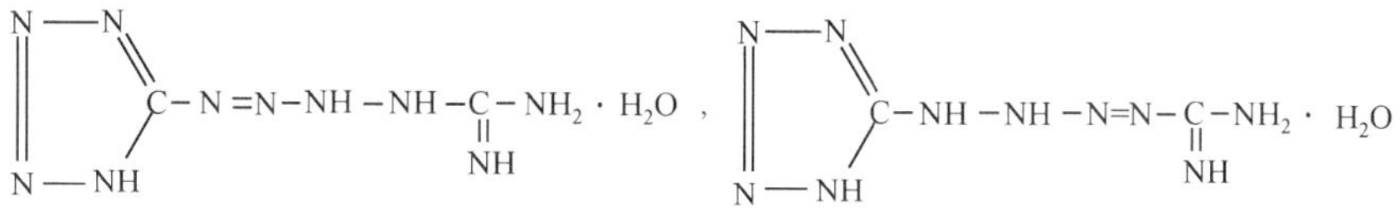

［7-14］

反应机理如反应式［7.21］所示。

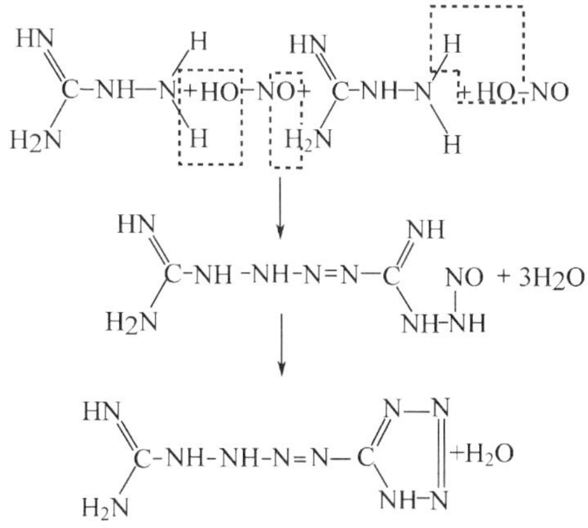

［7.21］

四氮烯晶体的尺寸取决于氨基胍硫酸盐加入到亚硝酸钠溶液中的速率。如果氨基胍硫酸盐加入速率较快，形成小晶体；相反，氨基胍硫酸盐加入速率较慢，则会形成较大的晶体。在反应溶液中加入糊精可得到粒度更均匀的晶体。

7.6 工业炸药

7.6.1 硝酸铵

硝铵炸药通常用于采石、隧道挖掘和采矿业。硝铵炸药是硝酸铵、木粉、燃料油或煤等碳载体及硝化甘醇、TNT 和二硝基甲苯等敏化剂的混合物，混合物中也可添加铝粉以提高其性能。

粒状硝酸铵通常与燃料油（液态烃）混合制造工业炸药，即 ANFO，它可用于采石。ANFO 可以在工厂中制造，将两种组分在一个旋转的容器内混合后，将产品装入聚乙烯或硬纸药筒中，将药筒封口并运往爆破现场。ANFO 也可以在爆破现场进行现场混制，将燃料油注入装有硝酸铵的聚乙烯袋内后放置一段时间，使燃料油渗入到硝酸铵内，将 ANFO 混合物从聚乙烯袋倒入炮孔内。

ANFO 也可直接在炮孔内进行混合，先将硝酸铵加入炮孔内，再加入燃料油。在爆破现场进行混制的最大的好处是燃料油和硝酸铵在运输过程中不需要任何安全规程，因为燃料油和硝酸铵都未被列为爆炸物，只有将它们混合在一起时才制成爆炸性物质。

将硝酸铵与 20%~40% 的胶状硝化甘醇或者胶状硝化甘油和硝化甘醇的混合物混合，可以制得高密度抗水硝铵炸药。硝酸铵和 TNT/二硝基甲苯的混合物也具有较好的抗水性，原因是 TNT/二硝基甲苯包覆在硝酸铵晶体的表面。

7.6.2 硝酸铵浆状炸药

硝酸铵浆状炸药既可以在工厂中制造后装入药筒，也可以在爆破现场进行混合后泵送入炮孔。硝酸铵浆状炸药含有硝酸铵（约 65%）和其它硝酸盐（硝酸甲胺 MAN）的饱和水溶液。该溶液中还有部分未溶解的硝酸盐以及燃料。燃料通常选用铝粉，也可使用其他水溶性的燃料如乙二醇等。浆状炸药中可以加入 TNT、PETN 等或者加入充满空气的微泡形成均匀分布的气泡以提高感度。

7.6.3 硝酸铵乳化炸药

硝酸铵乳化炸药包括互不相容的两相：一个是水相，提供反应所需的大部分氧；另一个是油相，用于提供燃料。乳化炸药是油包水型乳状液，将硝酸铵饱和水溶液加入矿物油相中制造，通过加入充满空气的微泡来提高其感度。乳化炸药的密度略高于水凝胶炸药，因此具有较好的性能。乳化炸药既可以在工厂中制造后装入药筒，也可以在爆破现场制造后泵送入炮孔。

7.6.4 代那买特炸药

代那买特炸药是多种混合炸药的通用名，如表7.2所列。这种炸药可以分成两类：胶质代那买特和非胶质代那买特。

表7.2 代那买特的组成

名称	燃料	氧化剂
胶质代那买特		
胶质代那买特	25%～55%硝化甘油，1%～5%硝化纤维素，木粉	无机硝酸盐
半胶质代那买特	15%～20%硝化甘油，1%～5%硝化纤维素，木粉	无机硝酸盐
吉里那特（葛里炸药）	25%～55%硝化甘油，1%～5%硝化纤维素，木粉	硝酸钾或硝酸钠
硝酸铵吉里那特（葛里炸药）	25%～55%硝化甘油，1%～5%硝化纤维素，木粉	硝酸铵
非胶质代那买特		
非胶质代那买特	10%～50%硝化甘油，木粉	硝酸钾或硝酸钠
硝酸铵代那买特	10%～50%硝化甘油，木粉	硝酸铵

胶质代那买特的制备方法是在45～50℃时将硝化纤维素溶解在硝化甘油中形成凝胶。硝化纤维素和硝化甘油的混合物用大的立式混合器的叶片连续搅拌，类似面包机，一旦形成凝胶，即加入其他成分，然后将爆炸混合物挤出或者挤压成长棒状或切割成小片状，装入涂覆石蜡的纸筒中。非胶质代那买特的制造工艺与胶质代那买特相似，只是配方中没有使用硝化纤维素。

7.7 军用混合炸药

大多数军用炸药是固体化合物，制成颗粒状，体密度小于1g/cm^3。然后将这些颗粒状化合物与其他炸药或惰性添加剂混合制成混合炸药，体密度达到1.5～1.7g/cm^3。最后，将这些化合爆炸物进行铸装、压装或者挤出成最终形态。

7.7.1 铸装

铸装技术用于将混合炸药装入大容器中。铸装的主要过程包括加热熔化炸药、浇注到容器中和冷却固化。尽管工艺听起来很简单，但对加工工艺条件的优化用了很多年的时间。铸装的缺点是混合物的密度没有压装和挤出的混合物的密度高，这就导致了混合物在固化收缩时产生裂缝，感度增加；同时，固体组分在固化过程容易沉降导致产品不均匀。点火温度与熔点相近的炸药组分不能进行铸装。铸装的优点是工艺简单、成本低、灵活而且产量高。

用铸装工艺加工的混合炸药通常含有TNT，与其点火温度（240℃）相比，TNT的熔点（80℃）相对较低。在第二次世界大战期间，大量TNT是采用铸装工艺加工的。将熔融的TNT与硝酸铵混合得到“阿马托炸药”，或者与硝酸铵和铝混合生产“迈纳尔炸药”。如今，TNT被用作铸装炸药的含能胶黏剂，通常用于粘结RDX、HMX、铝和高氯酸铵。

如今，铸装炸药的生产工艺采用仔细控制的冷却、振动和真空技术，以生产出均匀的固体混合物。炸药晶体的纯度和尺寸经过严格监测，用X射线对最终产品进行裂缝探伤检测和分析。

7.7.2 压装

压装技术常用于将粉状炸药装入小容器中。压装不需要很高的温度，并可在真空条件下进行。整个工艺过程自动化操作，产量很高。但是机械设备昂贵，且操作过程的危险性比铸装工艺高。

混合炸药可直接压装到容器或模具内，压成柱状，如图7.3所示。

混合炸药在压装过程中密度会发生变化，尤其是在表面附近的变化导致产品的各向异性。采用增量压装或使用两个活塞可以减少这种变化。两种方法分别如图7.4和图7.5所示。

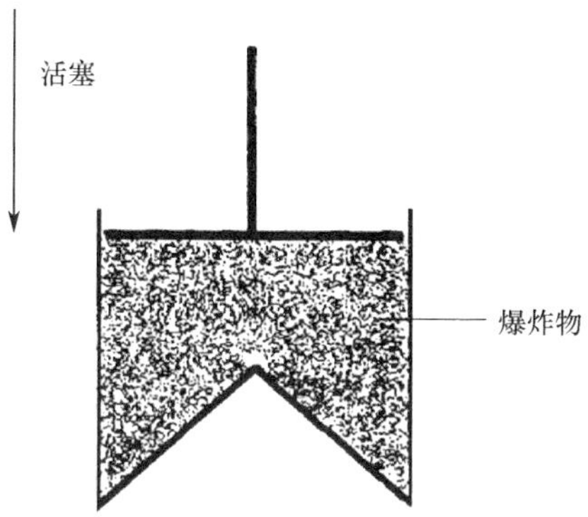

图 7.3　单活塞压装示意图

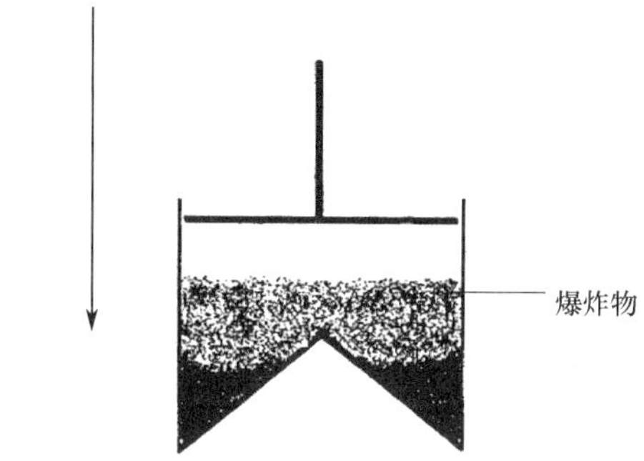

图 7.4　增量压装示意图

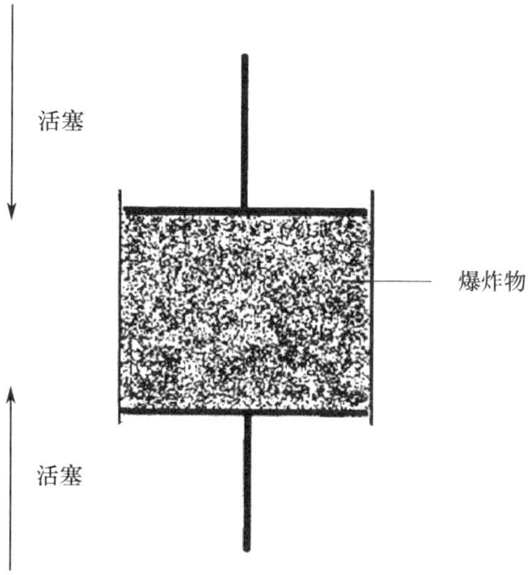

图 7.5　两个活塞压装示意图

当要求制备的混合炸药具有尺寸稳定、均匀性好和密度高的性能时，可以采用静液压装和等静压压装的方法。在这两种方法中，混合炸药采用流体压缩而不是活塞压缩。在静液压装时是将混合炸药放置在固体表面上，并用橡胶膜覆盖，如图 7.6 所示。在等静压压装时，将混合炸药放置于橡胶袋中，然后浸入高压流体内，如图 7.7 所示。

静液压装和等静压压装法也适用于摩擦感度较高的混合炸药。

压装后的混合炸药可以机械切削成所期望的形状，可通过车削、铣削、钻削、锯切和钻孔等操作完成。加工混合炸药的工艺是很危险的，所以操作过程都是机械化的，并在遥控下进行。

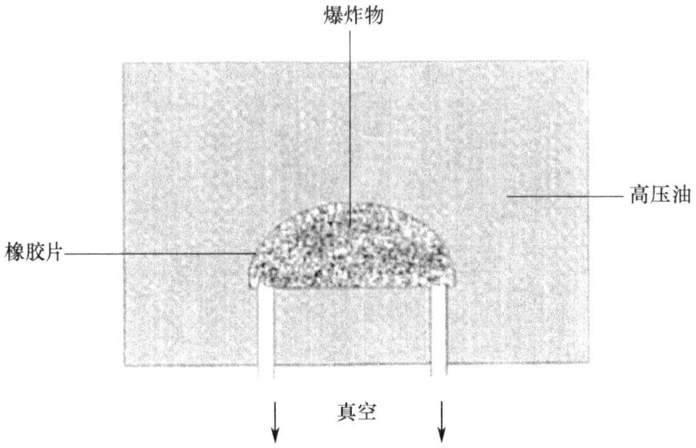

图 7.6　静液压装示意图

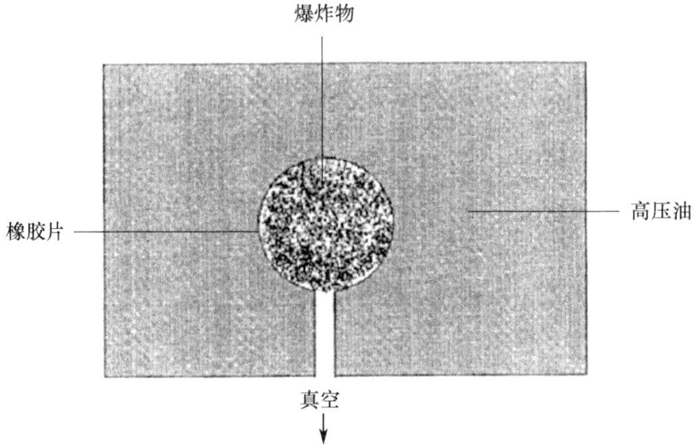

图 7.7　等静压压装示意图

7.7.3　柱塞挤出和螺杆挤出

过去 20 年间，一直采用柱塞挤出法制造火药。将火药装入活塞筒内并在高压下从一个小孔挤出，如图 7.8 所示。

柱塞挤出的缺点是间断工艺，各组分需事先混合，而螺杆挤出是连续工艺。

螺杆挤出已经在塑料工业应用了许多年。近年来已研发其用于混合和挤出含有高分子胶黏剂的混合炸药，即高分子粘结炸药（PBX）。螺杆挤出机类似于绞肉机，粉状或粒状的原料从一端加入，由旋转的螺杆将其沿着螺套向前推进。对于混合炸药，挤出机通常有两个旋转的螺杆，当炸药组分沿着螺套向前推进时，可将各组分混合均匀并挤压密实。双螺杆挤出机如图 7.9 所示。

挤出的混合炸药中含有的高分子材料将炸药晶体粘结在一起，高分子材料起到了胶黏剂的作用，有助于混合炸药在挤出后保持其形状。

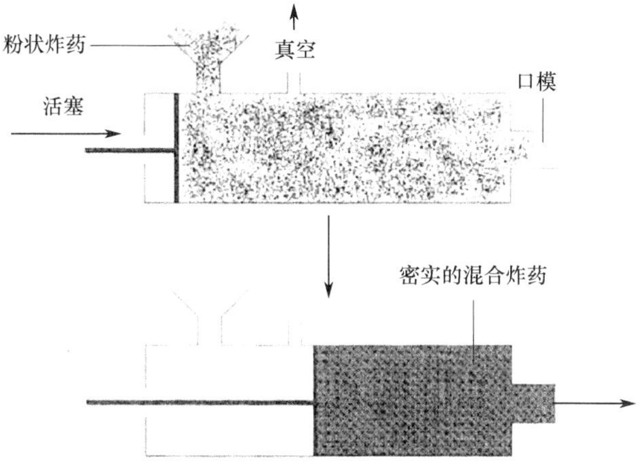

图 7.8　柱塞挤压示意图

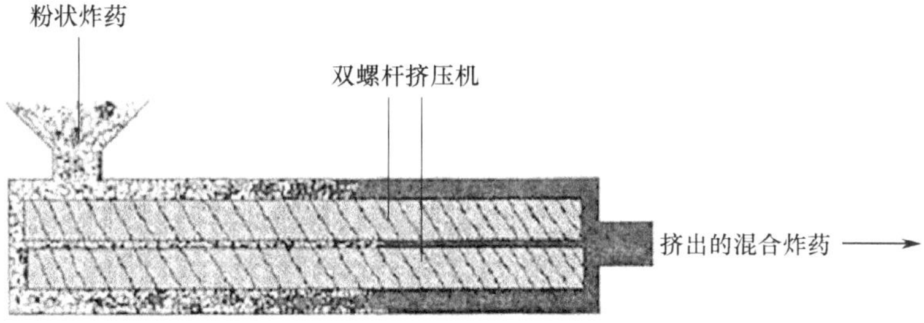

图 7.9　螺杆挤压示意图

第8章

发射药、推进剂与烟火药导论

8.1　发射药及推进剂导论

火药（发射药及推进剂）是一种在经历迅速而可预测的燃烧过程（非爆轰过程）后会产生大量高温气体的爆炸物。这些气体可以用于发射弹丸或导弹等射弹，或者用于在气体发生器中驱动涡轮，即发射鱼雷。

为了迅速产生气体，火药如同炸药一样，必须含有氧和适量的可燃元素，即碳、氢等，以及其燃烧所需要的氧。均质发射药（及用于液体推进剂的单元推进剂）中的燃料和氧化剂在同一个分子中，例如硝化纤维素，而异质发射药（及用于液体推进剂的二元推进剂）的燃料和氧化剂在不同的化合物中。枪炮发射药是传统上熟知的均质火药，而火箭推进剂则是异质的。

8.2　枪炮发射药

8.2.1　性能

枪炮发射药设计成能提供大量的气体，用于发射高动能弹丸。弹丸速度取决于气体释放的速率，而它又取决于释放的化学能、枪炮效率 η，如式（8.1）所示。

$$mQ\eta = \frac{Mv^2}{2}$$

因此

$$v = \sqrt{\frac{2mQ\eta}{M}} \qquad (8.1)$$

式中：v 为弹丸炮口初速（m/s）；m，M 分别为发射药和弹丸的质量（g）；Q 为发射药燃烧所释放的化学能（J/g）。

Q 值（也称为"爆燃热"）可用标准生成热计算得到，即

$$Q = \sum \Delta U^{\theta}_{f(产物)} - \sum \Delta U^{\theta}_{f(发射药组分)} \tag{8.2}$$

燃气对弹丸做的功取决于气体的量和温度，即

$$F = nRT_0 = \frac{RT_0}{\overline{M}} \tag{8.3}$$

式中：F 为对弹丸施加的力（J/g）；n 为每克发射药产生的气体的物质的量（mol/g）；T_0 为发射药的绝热火焰温度（K）；$\overline{M}$ 为燃气的平均摩尔质量（g/mol）；R 为通用气体常数（J/(mol · K)）。

F 值对比较枪炮发射药的性能十分有用，可通过在密闭爆发器中燃烧一定量的发射药的试验方法得到该值。

8.2.2 组成

传统枪炮发射药由以硝化纤维素为基体的材料组成。这种纤维状的材料具有良好的力学性能，可以制成粒状或杆状（通称药粒），其燃烧面恒定且无爆轰。发射药药粒的尺寸取决于枪炮管尺寸。尺寸大的枪炮管需要较大的药粒，其燃烧时间较长。发射药药粒的形状也同样十分重要。与表面积较小的药粒相比，具有大表面积的药粒将会具有较大的燃速。不同几何形状的发射药药粒如图 8.1 所示。

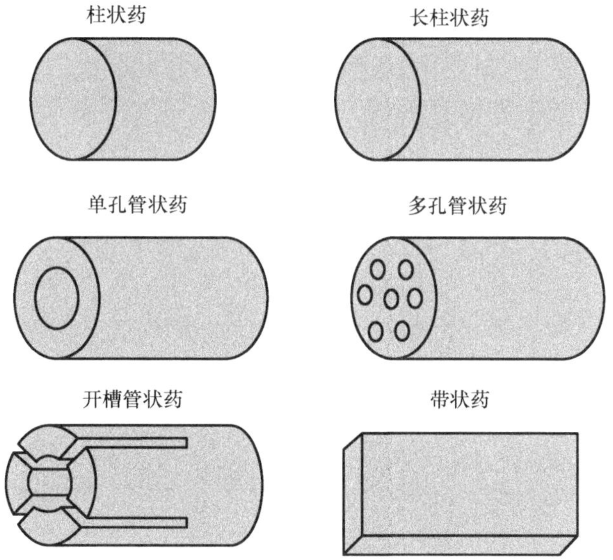

图 8.1　不同几何形状的枪炮发射药示例

除了发射药药粒的尺寸和形状，其组成也很重要。固体枪炮发射药有3种基本类型，即单基发射药、双基发射药和三基发射药。其他几种不常见的枪炮发射药包括高能发射药、液体发射药和复合发射药。

8.2.3 单基发射药

单基发射药用在从手枪到火炮所有种类的枪炮武器中。其组分中包含90%甚至更多的硝化纤维素，其氮含量约为12.5%~13.2%。通过加入诸如二乙二苯脲或邻苯二甲酸二丁酯这类的增塑剂可使硝化纤维素增塑，然后经挤出、切断成所需的药粒形状。单基枪炮发射药能量（Q 值）为3100~3700J/g。

8.2.4 双基发射药

为了提高单基发射药的 Q 值，并增加枪炮膛内的气体压力，将硝化甘油与硝化纤维素混合制成双基发射药。双基发射药的 Q 值约为4500 J/g，用于手枪和迫击炮中。双基发射药的缺点是由较高火焰温度引起的对枪炮内膛的过度烧蚀，以及炮口焰的存在会暴露武器位置。炮口焰是燃烧产物中的燃料（如氢气和一氧化碳气体）与空气爆炸的结果。

8.2.5 三基发射药

为了减少双基发射药的炮口焰，将第三种爆炸物硝基胍加入到硝化纤维素和硝化甘油中，制成三基发射药。在发射药中加入50%的硝基胍可降低火焰温度，并增加气态产物体积，因此使得枪炮膛内的烧蚀和炮口焰均减少，但发射药的性能也有轻微的降低。三基发射药用于坦克炮、大口径火炮以及英国海军舰炮中。

8.2.6 发射药添加剂

枪炮发射药中含有一些添加剂，这些添加剂给予发射药某些所需的性能。这些添加剂可根据它们的功能进行分类，如表8.1所列。

表8.1　枪炮武器中的添加剂示例

功能	添加剂	作用
安定剂	二乙二苯脲（二苯脲），甲基中定剂（二苯二甲脲），白垩和二苯胺	增加发射药的储存寿命
增塑剂	邻苯二甲酸二丁酯，二乙二苯脲和甲基中定剂	使硝化纤维素凝胶化

（续）

功能	添加剂	作用
冷却剂	邻苯二甲酸二丁酯，二乙二苯脲，甲基中定剂和二硝基甲苯	降低火焰温度
表面阻燃剂	邻苯二甲酸二丁酯，二乙二苯脲，甲基中定剂和二硝基甲苯	降低药粒表面的燃速
表面润滑剂	石墨	提高流动性
消焰剂	硫酸钾，硝酸钾，氟铝酸钾和钠冰晶石	消减炮口焰
除铜剂	铅或锡箔，含有铅或锡的复合物	除去弹带留下的铜沉积物
抗磨剂	二氧化钛和滑石粉	减少枪炮膛内的烧蚀

一种给定的添加剂可以有多种功能，例如二乙二苯脲可用作安定剂、增塑剂、冷却剂和表面阻燃剂。

8.2.7 高能发射药

为了增加枪炮弹丸的速度，用 RDX 代替硝基胍形成高能发射药。高能发射药可穿透装甲，仅用于对能量要求非常高的坦克炮中。高能发射药的缺点是较高的火焰温度会对枪炮内膛造成过度烧蚀，并且组分的易损性可以使其意外激发，导致其爆轰。

8.2.8 液体发射药

与固体发射药相比，使用液体发射药的优势是可以减轻重量、生产成本低、对意外激励具有较好的低易损性、每单位体积输出的能量较高以及具有较高的储存容量。

在此领域已开展了相当多的研发工作，且可预计在 21 世纪，液体火炮发射药将很可能投入使用。正在研发中的液体火炮发射药是含有硝酸羟胺（HAN）盐晶体的水溶液（约 63%）以及硝基甲烷和硝酸异丙酯的 50：50的混合物。

8.2.9 复合发射药

上述讨论的固体发射药都有遭受火焰、撞击、电火花等意外激励的可能。因此，研究者将注意力已经转移到发展不敏感弹药，尤其是低易损性弹药（LOVA）。LOVA 发射药含有 RDX 或 HMX、惰性高分子胶黏剂和增塑剂。与硝化纤维素基发射药相比，这种复合发射药对外界激励具有较低的易损性。

8.3 火箭推进剂

8.3.1 性能

火箭推进剂与枪炮发射药十分相似，它们都被设计成燃烧均一、平稳且无爆轰。然而，由于枪炮膛内存在较高的工作压力，发射药因而燃烧更快。与枪炮发射药燃烧时大约 400MPa 的压力相比，火箭推进剂在燃烧室内的压力大约为 7MPa。而且，火箭推进剂必须能够燃烧较长时间以提供持续推力。

衡量火箭推进剂性能的参数为比冲 I_s，它取决于通过喷管气体的推力和流速，如式（8.4）所示。

$$I_s = \frac{\text{发动机推力}}{\text{通过喷管的质量流速}} \tag{8.4}$$

I_s 的值取决于气态产物在喷管出口处的速度和压力。式（8.5）给出了 I_s 的表达式，即

$$I_s = \left[\frac{2F}{\gamma - 1}\left\{1 - \left(\frac{P_e}{P_c}\right)^{\frac{\gamma-1}{\gamma}}\right\}\right]^{1/2} \tag{8.5}$$

式中：F 为推进剂的力常数（J/g）；γ 为燃气比热比；P_e 为喷管出口处的压力；P_c 为燃烧室的压力。

因此，比冲取决于推进剂的性质，以及推进剂壳体即火箭发动机的设计。

8.3.2 组成

与枪炮发射药一样，固体火箭推进剂被制成一定的几何形状，称为药柱。对于短程导弹，其中的药柱比枪炮药筒中的尺寸大而数量少，并要求其整个表面同时燃烧以获得较高的质量燃速。对于较大的远程导弹，火箭发动机仅包含一个或两个较大药柱，如图 8.2 所示。

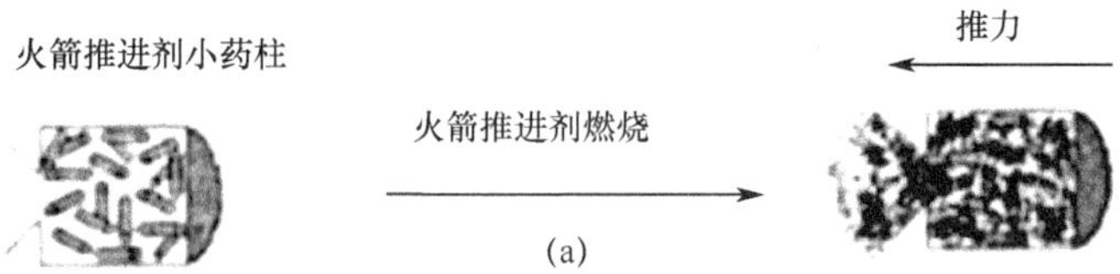

(a)

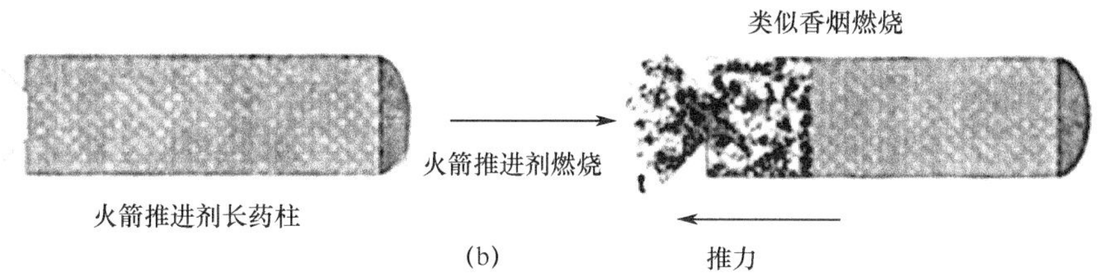

图 8.2　近程和远程导弹几何结构示意图

固体火箭推进剂主要有两种类型：双基推进剂和复合推进剂。

8.3.3　双基推进剂

双基火箭推进剂为均质的，含有硝化甘油增塑的硝化纤维素，其制造过程取决于推进剂药柱的尺寸。挤出的双基推进剂药柱较小，用于小型火箭发动机中，而浇注的双基推进剂药柱较大，用于大型火箭发动机中。

8.3.4　复合推进剂

复合火箭推进剂是由聚合物燃料/胶黏剂基体以及其中的晶形氧化剂组成的两相混合物。氧化剂是混合在燃料中具有良好分散性的高氯酸铵粉末，燃料是一种增塑聚合物材料，具有弹性（如端羟基聚丁二烯与二异氰酸酯交联）或塑性（如聚己内酯）。根据使用燃料的类型，复合火箭推进剂既可用挤出的方法，也可用浇注的方法生产。对于塑性的复合推进剂通常使用挤出工艺，而对于具有弹性的复合推进剂，挤出或浇注工艺均可使用。

一些固体火箭推进剂性能的数据如表 8.2 所列。

表 8.2　一些固体火箭推进剂的性能

固体火箭推进剂	比冲/(N·s/kg)	火焰温度/K
双基火箭推进剂 硝化纤维素（氮含量 13.25%） 硝化甘油 增塑剂 其他添加剂	2000	2500
复合火箭推进剂 高氯酸铵 端羟基聚丁二烯 铝	2400	2850

（续）

固体火箭推进剂	比冲(N·s/kg)	火焰温度/K
其他添加剂 高氯酸铵 端羧基聚丁二烯 铝 其他添加剂	2600	3500

8.3.5 液体推进剂

液体推进剂可分为单元推进剂和二元推进剂。单元推进剂为液态，在缺氧环境中燃烧，具有相对较低的能量和比冲，用于对推力要求不高的近程导弹中。肼是目前广泛使用的单元推进剂；而过氧化氢、环氧乙烷、异丙酯和硝基甲烷也都被考虑或用作单元推进剂。一些单元推进剂性能的数据如表 8.3 所列。

表 8.3　一些液体火箭单元推进剂的性能

液体单元推进剂	化学式	比冲/(N·s/kg)	火焰温度/K
过氧化氢	H_2O_2	1186	900
环氧乙烷	C_2H_4O	1167	1250
肼	N_2H_4	1863	1500
异丙基硝酸盐	$C_3H_7ONO_2$	1569	1300
硝基甲烷	CH_3NO_2	2127	2400

二元推进剂由燃料和氧化剂两种组分组成，分别储存在单独的容器中，当注入到燃烧室时，两种组分接触并被引燃。二元推进剂的燃料组分包括甲醇、煤油、肼、单元甲基肼和偏二甲肼（UDMH）。常用的氧化剂为硝酸和基于四氧化二氮（DNTO）的氧化剂。一些在室温下是气体的二元推进剂需要低温储存和使用，以使其处于液态。这种推进剂的一个例子是氢和氧混合的二元推进剂。这种二元推进剂具有很高的比冲，用于执行难度大、要求高的任务，例如发射卫星的运载火箭。表 8.4 列出了一些液态二元推进剂性能的数据。

表 8.4　一些液体火箭二元推进剂的性能

燃料	化学式	不同氧化剂的比冲/(N·s/kg)	
		四氧化氮	氧气
氢气	H_2	2735	3557
煤油	$(CH_2)_n$	2245	2509
甲醇	CH_3OH	–	2402
肼	N_2H_4	2441	2646
偏二甲肼	$N_2H_2C_2H_6$	2686	2892

8.4　气体发生剂

固体火药可用于在极短时间内需要大量气体的系统中。这些系统包括汽车安全气囊和飞行器弹射座椅。使用火药的优势在于气体产生的速度，然而这些气体的温度非常高，有毒且有被意外引发的倾向。在这方面的研究目前主要着手于制造一种产气无毒、储存寿命长、火焰温度低且生产成本低的气体发生剂。

8.5　烟火药导论

烟火药 pyrotechnic 一词来源于希腊语“pyr”（火）和“techne”（艺术），描述了从烟火药燃烧中所观察到的效应。这些效应包括产生彩色烟雾、声响以及发出色彩明亮的光。烟火药也被用于产热装置、延期药和点火剂中。

烟火药与炸药和火药十分类似。炸药反应速度极快，产生气态产物；火药（发射药或推进剂）则是气体发生剂，反应速度比炸药慢；而烟火药的反应速度更慢，并生成固体残渣。

烟火药组分中包含燃料和氧化剂，形成特定的配方以产生大量能量。然后，此能量用于产生火焰或光芒（如火柴），或与其他挥发性物质结合以产生烟雾和光（如烟花），或产生大量气体（例如烟花火箭和爆竹）。

8.6　产热烟火药

产热烟火药应用广泛，如用在烟火药装置中作为“点火剂”以点燃其他材料；用作底火；作为烟火加热器的热产生器；用作气体发生器和火箭发动机中的火药；以及用在纵火燃烧装置中。

用在底火或点火剂中的烟火药对外界激励十分敏感，而用于产热装置中的烟火药则不太敏感。可通过降低氧化剂含量并选择低感度氧化剂的方法来控制烟火药的感度。

8.6.1 底火和点火剂

烟火药底火常用于点燃枪炮发射药。当被金属撞针撞击时，底火喷出火焰点燃枪炮发射药。因而底火对外界激励非常敏感，并且能产生能量和冲击。在底火的制造过程中，为了降低其感度，底火中的组分以糊状形式使用。一些在底火中使用的烟火药如表 8.5 所列。

表 8.5 用作底火的烟火药示例

烟火药	用途
氯化钾 过氧化铅 硫化锑 三硝基甲苯	撞击底火
高氯酸钾 硫氰化铅 硫化锑	针刺底火

用于点火剂的烟火药用来点燃其他对外界激励不敏感的组分。例如，黑火药被用作烟花中的点火剂。黑火药用含糊精的水润湿，并被注入烟花的顶部，如图 8.3 所示。

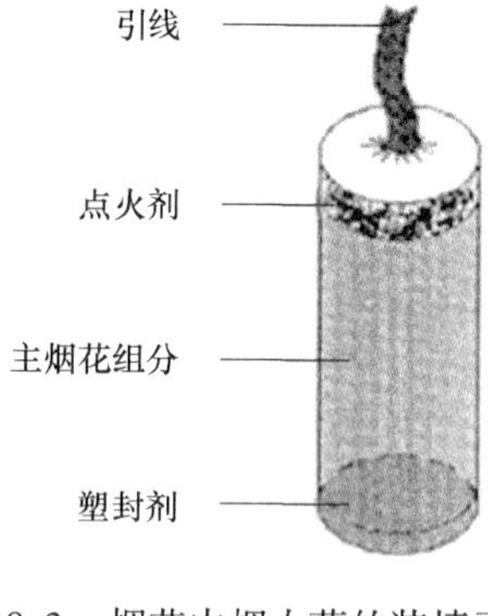

图 8.3 烟花中烟火药的装填示意图

引线或蓝色点火纸点燃黑火药，从而引燃主烟花组分。其他类型的点火剂包括镁、硝酸钾、钛、硅和过氧化钡。与底火类似，点火剂是非常危险的物质，仅限小剂量使用。

8.6.2 产热装置

用于产热装置的烟火药具有均匀的燃烧速率，不会产生大量的能量或气体。该烟火药被装进密封装置中产生热量，同时无火焰、火星或气体存在。这种产生热量的烟火药用于加热罐装食品或水、烙铁的加热筒、激活含有固体或可熔电解质的原电池以及在冶金工业中将包装好的产热烟火药平板放置于熔融金属上部来延长金属的熔融状态。产热烟火药包括锌、锆、铬酸钡以及锰，它们可由撞击或摩擦引发。

8.7 延期药

延期药为点火药向主装药的传递提供了预定的延长时间。延期药可分为两种类型，即不产生气体的和产生气体的。不产生气体的延期药用于受限条件中或在高海拔环境下，在这种情况下重要的是与标准的周围压力之间不存在差异；产生气体的延期药用于敞口条件中或低海拔环境中。黑火药可作为产气延期药使用，而金属氧化物或金属铬酸盐与可燃元素的混合物可作为不产生气体的延期药使用。表 8.6 列出了一些产气延期药和不产气延期药的例子。

表 8.6 用于延期药的烟火药示例

烟火药	效果
黑火药	产气
四硝咔唑和硝酸钾	产气
硼、硅和重铬酸钾	不产气
钨、铬酸钡和高氯酸钾	不产气
铬酸铅、铬酸钡和锰	不产气
铬、铬酸钡和高氯酸钾	不产气

延期药的燃烧速率可以非常快（mm/ms），也可以很慢（mm/s）。燃速高于 1mm/ms 的延期药可用于由撞击引爆的弹丸或炸弹中；燃速介于 1～6mm/s的延期药可用于地面化学弹药中，例如发烟罐、催泪瓦斯和发烟手榴弹；燃速中等的延期药可用于采石场或岩盐坑的有效爆破。爆破时，炮孔中的爆炸交错进行，以降低振动而增加破裂程度。

8.8 发烟剂

由于配方的不同烟火药可以产生颜色范围很广的烟雾，例如白色、黑色、红色、绿色、橘色等。这些发烟剂产生大量气体，并散布烟雾。它们也能在低温下燃烧，免得有机染料分解。表 8.7 所列为一些发烟剂的示例。

表 8.7 用作发烟剂的烟火药示例

烟火药	效果
锌粉、六氯乙烷和铝	白烟
五氧化二磷和磷酸	白烟
硫、硝酸钾和沥青	黑烟
氯酸钾、萘和木炭	黑烟
锌粉、六氯乙烷和萘	灰烟
四氯化硅和氨蒸气	灰烟
金胺、氯酸钾、小苏打和硫	黄烟
金胺、乳糖、氯酸钾和柯衣定	黄烟
罗丹明红、氯酸钾、硫化锑	红烟
罗丹明红、氯酸钾、小苏打、硫	红烟
金胺、靛蓝、氯酸钾和乳糖	绿烟
孔雀石绿、氯酸钾、硫化锑	绿烟
靛蓝、氯酸钾和乳糖	蓝烟
亚甲蓝、氯酸钾、硫化锑	蓝烟

在彩色发烟剂中，挥发性有机染料升华并在空气中凝结，形成微小的固体颗粒。染料是可见光的强吸收剂，根据染料本身的性质仅反射一些波长不连续的光，例如，红色染料吸收了可见光谱中除了频率在红光区域的其他所有光，红光从其颗粒表面反射出。发烟剂被用于地面风向指示、信号弹、遮蔽和伪装、戏剧与电影中的特效以及辅助军事训练。

8.9 发光剂

烟火药发出的光强由燃烧组分的温度决定，而温度又取决于其组分。在 2180 ~2250℃之间燃烧的烟火药包括作为氧化剂的氯酸盐和高氯酸盐，以及有机燃料，如虫胶或树脂。为了使火焰温度增加到 2500 ~ 3000℃，可以加入金属粉，如镁粉。发光烟火药也包括金属化合物，这些金属化合物会在特征频率处产生辐射光谱。

8.9.1 彩色光

将锶的化合物加入到烟火药的混合物中会发出红光。在高温时，含有锶的化合物分解并与氧化剂，如高氯酸根（ClO_4^-）中的氯元素反应生成 $SrCl^+$①，如反应式［8.1］所示。

$$
\begin{aligned}
&KClO_4 \longrightarrow KCl + 2O_2 \\
&KCl \longrightarrow K^+ + Cl^- \\
&Cl^- + Sr^{2+} \longrightarrow SrCl^+
\end{aligned}
\qquad [8.1]
$$

式中：$SrCl^+$ 离子发出的光在电磁波谱的红光区域内，即 600～690nm。将钡的化合物加入到烟火药的混合物中会发出绿光。绿光是由 $BaCl^+$①分子在 505～535nm 范围内发出的。含有铜的化合物与高氯酸钾反应生成的 $CuCl^+$①可以发出蓝光，其在可见光电磁波谱的范围为 420～460nm。

8.9.2 白光

烟火药在高温下燃烧时会发出白光，这是由于热的固体和液体颗粒发出的光在可见光电磁波谱区域中的波长范围宽而导致的。光的辐射强度取决于激发态原子或分子的数量。高温会导致大量激发态原子或分子的产生，从而发出高强度的光。为了达到高温，可将镁和铝加入烟火药的混合物中。这些金属的氧化是强放热过程，可释放大量的热。金属钛和锌也是有利于烟火药产生白光的元素。表 8.8 是一些可以发出白光和彩色光的烟火药的例子。

表 8.8　发出白光和彩色光的烟火药示例

烟火药	效果
镁、硝酸钡和硝酸钾	白光
高氯酸钾、硝酸钡和胶黏剂	绿光
高氯酸钾、草酸锶和胶黏剂	红光
高氯酸钾、草酸钠和胶黏剂	黄光
高氯酸钾、碳酸铜和聚氯乙烯	蓝光
镁、硝酸锶和胶黏剂	红色追踪物

① 有的研究者认为这些分子不带电荷。

8.10 发声剂

8.10.1 砰响剂

烟火药可以产生两种类型的声音：爆炸砰响与哨音。通过将产生气体的烟火药混合物（如黑火药）放置于密闭卷筒芯中可产生爆炸砰响。用导火索引燃烟火药混合物产生大量气体，最终使卷筒爆炸，产生砰响。这一原理被用于烟花中，如鞭炮或高空礼花弹。通过使用烟火闪光粉可得到更大的砰响。闪光粉比黑火药反应迅速，反应温度更高，导致其更迅速地释放高压气体。

8.10.2 哨音剂

当一定的烟火药在一端开口的管状物中压缩并燃烧时可发出哨音。这些烟火药组分通常包括芳香酸或其衍生物、苯甲酸和2，4－二硝基酚的钾盐衍生物、苦味酸和水杨酸钠。点火后烟火药的混合物燃烧不均匀，燃烧表面发生小型爆炸，导致共振驻波产生，从而发出哨音。随着烟火药的减少，驻波波长增加，如图8.4所示，使得哨音的频率降低。

产生哨音的烟火药组分非常敏感，且操作危险。

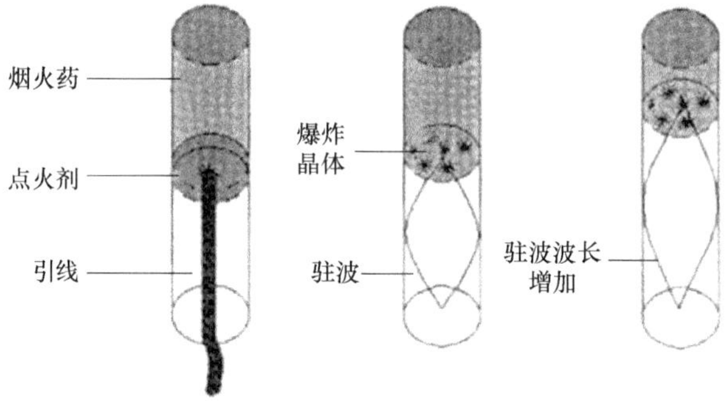

图8.4　哨音烟花的示意图

参考文献

[1] J. Akhavan and M. Costello, Proceedings of the 20th International Pyrotechnic Seminar, Colorado, 1994.

[2] J. Akhavan, Proceedings of the 22nd International Pyrotechnic Seminar, Colorado, 1996.

[3] A. Bailey and S. G. Murray, *Explosives*, *Propellants and Pyrotechnics*, Brassey' s (UK), Maxwell Pergamon Publishing Corporation plc, London, 1989.

[4] F. P. Bowden and A. D. Yoffe, *Initiation and Growth of Explosion in Liquid and Solids*, Cambridge University Press, Cambridge, 1985.

[5] K. O. Brauer, *Handbook of Pyrotechnics*, Chemical Publishing Co. Inc. , New York, 1974.

[6] J. A. Conkling, *Chemistry of Pyrotechnics*, *Basic Principles and Theory*, Marcel Dekker Inc. , New York, 1985.

[7] M. A. Cook, *The Science of High Explosives*, Reinhold Publishing Corporation, New York, 1958.

[8] T. L. Davis, *The Chemistry of Powder and Explosives*, Angriff Press, Hollywood, CA. 1975.

[9] P. E. Eaton, R. L. Gilardi and M. Zhang, *Adoanced Materials* (Weinheim, Germany), V12, 2000.

[10] H. Ellern, *Military and Cioilian Pyrotechnics*, Chemical Publishing Company Inc. , New York, 1968.

[11] B. T. Fedoroff, H. A. Aaronson, O. E. Sheffield, E. F. Reese and G. D. Clift, *Encyclopedia of Explosives and Related Items*, *Volume 1*, Picatinny Arsenal, Dover, NJ, 1960.

[12] B. T. Fedoroff, O. E. Sheffield, E. F. Reese and G. D. Clift, *Encyclopedia of Explosives and Related Items*, *Volume 2*, Picatinny Arsenal, Dover, NJ, 1962.

[13] B. T. Fedoroff and O. E. Sheffield, *Encyclopedia of Explosives and Related Items*, *Volume 3*, Picatinny Arsenal, Dover, NJ, 1966.

[14] B. T. Fedoroff and O, E. Sheffield, *Encyclopedia of Explosives and Related Items*, *Volume 4*, Picatinny Arsenal, Dover, NJ, 1969.

[15] B. T. Fedoroff and O. E. Sheffield, *Encyclopedia of Explosives and Related Items*, *Volume 5*, Picatinny Arsenal, Dover, NJ, 1972.

[16] B. T. Fedoroff and O. E. Sheffield, *Encyclopedia of Explosives and Related Items*, *Volume 6*, Picatinny Arsenal, Dover, NJ, 1974.

[17] B. T, Fedoroff and O. E. Sheffield, *Encyclopedia of Explosives and Related Items*, *Volume 7*, Picatinny Arsenal, Dover, NJ, 1975.

[18] S. Fordham, *High Explosives and Propellants*, Pergamon Press, New York, 1980.

[19] Á. Furka, *Relative Energy of Organic Compounds Ⅱ. Halides*, *Nitrogen*, *and Sulfur Compounds*, Struct. Chem. , V20, 2009.

[20] M. Golfier, H. Graindorge, Y. Longevialle and H. Mace. Proceedings of the 29th International Annual Conference of ICT, Karlsruhe, 1998.

[21] C. M. Hodges, J. Akhavan and M. Williams, Proceedings of the 16th International Pyrotechnic Seminar, Sweden, 1991.

[22] Z. Jalovy, S. Zeman, M. Suceska, P. Vavra, K. Dudek and M. Rajic, *Journal of Energetic Materials*, V19, 2001.

---

[23] C. H. Johansson and P. A. Persson, *Detonics of High Explosives*, Academic Press Inc., London, 1970.
[24] S. M. Kaye, *Encyclopedia of Explosives and Related Items*, *Volume 8*, US Army Armament Research and Development Command, Dover, NJ, 1978.
[25] S. M. Kaye, *Encyclopedia of Explosives and Related Items*, *Volume 9*, US Army Armament Research and Development Command, Dover, NJ, 1980.
[26] S. M. Kaye, *Encyclopedia of Explosives and Related Items*, *Volume 10*, US Army Armament Research and Development Command, Dover, NJ, 1983.
[27] G. F. Kinney and K. J. Graham, *Explosive Shocks in Air*, Springer Verlag New York Inc., New York, 1985.
[28] K. K. Kuo and M. Summerfield, *Fundamentals of Solid – Propellant Combustion*, *Volume* 90, Progress in Astronautics and Aeronautics, American Institute of Aeronautics and Astronautics Inc., New York, 1984.
[29] C. Leach, S. B. Langston and J. Akhavan, Proceedings of the 25th International Annual Conference of ICT, Karlsruhe, 1994.
[30] R. Meyer, *Explosives* , VCH Publishers, New York, 1987.
[31] R. Meyer, J. Kohler and A. Homburg, *A Compilation of Data from the ICT Thermochemical database.* Wilev – VCH, Fraunhofer Institut Chemische Technologie, 2001.
[32] D. M. P. Mingos, *High Energy Densitv Mateials*, Springer – Verlag, Berlin Heidelberg, 2007.
[33] S. J. P. Palmer, J. E. Field and J. M. Huntley, *Proc. Roy. Soc.* , London, 1993, vol. 440, pp. 399 – 419.
[34] P. A. Persson, R. Holmberg and J. Lee, *Rock Blasting and Explosives Enging.* CRC Press Ltd, Boca Raton, New York, 1994.
[35] T. Shimizu, *Fireworks*, *The Art*, *Science and Technique*, Maruzen Co Ltd, Tokyo, Japan, 1981.
[36] G. Singh and P. S. Felix, *Journal of Hazardous Materials*, A90, 2002.
[37] G. Singh, I. P. S. Kapoor, S. K. Tiwari and P. S. Felix, *Journal of Hazardous Materials B81*, 2001.
[38] T. Ulrich, *Energetic Materials*: *Particle Processing and Characterization*, Wiley – VCH Verlag GmbH & Co. kGaA, Weinheim, 2005.
[39] T. Urbanski, *Chemistry and Technology of Explosives*, *Volume 1*, Pergamon Press Ltd, London, 1988.
[40] T. Urbanski, *Chemistry and Technoloqy of Explosives*, *Volume 3*, Pergamon Press Ltd, London, 1990.
[41] T. Urbanski, *Chemistry and Technology of Explosives*, *Volume 4*, Pergamon Press Ltd, London, 1984.
[42] F. Volk and H. Bathelt, Performance Parameters of Explosives: Equilibrium and Non – Equilibrium Reactions, *Pvopellcznts*, *Explosives*, *Pyrotechnics*, V27, 2002
[43] Z. Zeng, H. Gao, B. Twamley and J. M. Shreeve, Energetic Mono and Dibasic 5 – Dinitrometyltetrazolates: Synthesis Properties and Particle Processing, *Journal of Materials Chemistry*, V17, 2007.

后　记

本书的第3版进行了彻底的修订和更新，并概述了有助于理解爆炸物化学爆炸机理的基本原理。

本书为读者提供了爆炸物的发展历史、涉及的理论以及爆炸物的化学品种，为读者提供了起爆药和猛炸药的物理参数。在爆炸威力和爆温的实例计算中引入了热力学、焓、自由能和气体方程。第3版增加了新一代炸药即不敏感炸药（IHE）的详细性能。本书也介绍了爆炸物对环境的影响的相关法规。新版也包含了聚磷腈类、高氮含量分子相关的信息，并对新型炸药如LLM－105、CL－20、FOX－7、FOX－12和DADNE进行了详细的介绍，提供了安全和EMTAP测试等详细信息。本书也有助于理解“热点”理论及其与爆轰之间的关系，并详细阐述了含有硝基、硝酸酯和硝铵炸药的制造过程。

这本简明且可读性强的书非常适合A级学生和之前没有爆炸物知识基础的研究生新生。本书以表格和参考文献形式给出了大量爆炸物的详细信息，对于需要了解本学科简要信息的任何人，如爆炸物工业界的有经验的化学家，也是有帮助的。

主题索引